KB010077

인테리어 디자인과 스타일링의 기본

이 책에서 제시하는 각종 수치는 거주하는 국가에 따라 다를 수 있습니다. 여러 활동을 편안하게 할 수 있 도록 실내에 충분하고 적절한 공간을 두어야 한다는 기본 원칙은 같습니다.

인테리어 디자인과 스타일링의 기본

프리다 람스테드

이유진 옮김

책사람집

CONTENTS

3 IDEAS

조화를 위한 생각 도구

4 COLORS

배색

5 LIGHTING

조명

6 DESIGN

스타일링

7 BUYING

구매를 위한 조언

8 LIVING

치수와 비율

9 PLANNING

인테리어 디자인 프로젝트 계획하기

다른 그 무엇보다
집이 더
중요한 사람들에게

당신이 손에 들고 있는 이 책을, 나는 지난 몇 년 동안 찾아다녔지만 결국 찾지 못 했다. 인테리어 관련 도서를 수백 권 읽고, 도서관을 샅샅이 뒤지고, 헌책방에서 오래된 문헌들을 헤집고, 온라인으로 여러 권의 해외 서적을 구매해보기도 했지만, 대부분의 책은 특별한 사람의 '보기 좋은 집'이나 누군가의 취향에 전적으로 의지한 세련된 이미지에만 초점을 맞추고 있었다. 내 삶에 딱 맞는 안락한 공간을 꾸미는 데 필요한 조언에 집중한 책은 좀처럼

11

발견할 수 없었다.

내가 찾는 책은 공간의 기초, 인테리어의 정석을 설명하는 책이었다. 다시 말해 어떤 유형의 가구나 스타일을 좋아하는지에 상관없이 보편적인 만족을 줄 수 있는 과학적이고 예술적인 원칙에 관한 책, 생활용품이나 가구를 새로 사지 않아도, 철거나 개조와 같은 큰 공사 없이도 공간 전체를 변화시키는 방법을 알려주는 책이었다.

물론 인테리어 디자이너들과 건축가들을 대상으로 한 설계 지침과 인체 공학적 측정을 담고 있는 전문 도서들은 간혹 눈에 띄었다. 하지만 일반인을 위한 책은 결국 찾지 못 했다. 내가 살고 있는 이 집, 한때는 누군가를 위해 존재했을 이 공간을 오로지 나를 위한 공간으로 바꾸고자 할 때 손에 들고 싶은 책, 다른 사람들의 선택에 기대는 것이 아니라 나의 라이프스타일과 취향을 반영한 '해결책'을 찾을 때 도움을 받을 수 있는 책 말이다.

몇 년 전 오래된 아파트에서 새로 지은 테라스 하우스로 이사했을 때, 나는 깔끔하기만 했지 매력이라곤 전혀 없는 그 공간에서, 생길 수 있을 법한 거의 모든 인테리어 문제에 직면했다. 인테리어 디자인 전문가로 일하며 유명 기업의 스타일링 작업을 맡아 성공하기도 했지만, 나의 공간을 내 삶을 품는 공간으로 디자인하는 일은 생각보다 어려웠다. 힘이 쭉 빠지는 숱한 좌절의 시간을 경험하며 나는 새로운 시각과 방식으로 인테리어 디자인을 생각하게 되었다. 아늑하고 조화로우며 세심하게 계획된 느낌을 주는 인테리어란 무엇일까? 우리의 영혼까지 따뜻하게 만드는 편안한 '집'에는 어떤 비밀이 숨겨져 있는 것일까?

나는 노트에 그때그때 떠오르는 것들을 적었고, 표지에 '인테리어 디자인과 스타일링의 기본'이라는 제목을 써넣었다. 이 노트는 철저히 보통 사람들을 위한 것이었다. 업계 동료나 다른 전문가에게는 적합하지 않았다. 노트에 기록하기 시작하면서부터 나는 전문가들이 수없이 접하는 난감하고 다양한 상황을 어떻게 해결하는지 더 깊이 살펴보게 되었다. 그리고 인테리어 디자이너와 스타일리스트들이 경험과 학습을 통해 얻은 '직감'과 '통찰'을, 구체적이고 확실한 원칙 내지 지침으로 바꿔서 모두가 이해할 수 있는 언어로 풀어냈다.

'어떻게 하지?' 하며 생각의 흐름이 막히거나, '더 좋은 방법이 있을 것 같은데' 하고 더 나은 해결책을 찾게 될 때 이 책을 사용하길 바란다. 지금부터 소개할 많은 사례와 경험, 권장 사항이 기호와 취향을 넘어 도움을 줄 수 있을 것이다.

나는 종종 인테리어 디자인을 음악에 비교하곤 한다. 대다수의 사람들은 절대 음감이 없지만 연습을 통해 악보를 보며 연주할 수는 있다. 이와 같은 방식은 색과 형태와 디자인에도 적용된다. 머릿속 구상을 100퍼센트 구현할줄 안다든가, 늘 멋지게 공간을 만들어내는 직관과 실력을 지니고 태어나는 사람은 드물다. 하지만 대부분의 사람들은 기본을 배우고 연습해서 훨씬 더나아질 수 있다.

아마도 우리는 과거 그 어느 때보다 더 인테리어와 디자인에 대해 잘 알고있을 것이다. 다양한 제품과 인테리어 트렌드에 대한 것은 물론 디자인의 고전들, 브랜드의 역사와 색의 트렌드까지 환하게 꿰는 사람들도 많다. 그러나상대적으로, 인테리어 디자인과 스타일링의 기본, 그러니까 비율, 주요 치수와 쓰임, 그리고 우리가 사고 버리고 또 사는 그 모든 것들로 조화로운 집을구현하기 위해서 어떻게 해야 하는지에 대한 정보는 부족하다. 이 물건 저물건을 사기도 하고 이것저것 바꿔보기도 하지만 애초에 생각했던 만큼 만족스럽지 못 하다.

이 책에는 화려한 사진이나 매혹적인 이미지가 없다. 나는 그런 책이 더 필요하다고 생각하지 않는다. 그저 스스로 해결책을 알아내는 데 도움이 되는 설명과 삽화를 제공하려 노력했다. 이제는 우리가 '무엇으로'만이 아니라 '어떻게' 스타일을 만들어야 할지에 대해 더 깊이 숙고해야 할 때이다. 보기 좋은 인테리어를 따라 해도 만족스럽지 않을 때, 인테리어 디자인에 무엇이 빠졌고 무엇이 잘못되었는지 찾도록 돕는 생각의 도구를 여러분의 두 손에 선물하고 싶었다. 이 책을 기본으로 집다운 집, 나다운 집을 만들어가길 바란다. 이 책이 여러분의 작업을 위한 노트나 연습장이 될 수 있다면 좋겠다.

"집은 이 세상에 존재하는
가장 멋진 말."

_ 로라 잉걸스 와일더(Laura Ingalls Wilder, 미국의 소설가)

여러분의 집은
아늑하고 편안한가요?

인테리어 디자인 전문가들은 고객과의 상담으로 프로젝트를 시작한다. 공간의 주인이 될 사람들에 대한 분석 없이 자신들의 선호대로 구성하고 선택해서는 안 되기 때문이다. 그래서 사용자의 라이프스타일은 어떠한가, 고려해야 할 실질적인 요구 사항은 무엇인가, 집에서 무엇을 하기를 원하는가와 같은 질문을 통해 그곳에서 살 사람을 구체적으로 파악한다. 그런데 자신의 집을 스스로 인테리어 디자인을 하는 경우, 바로 이 부분을 놓치고, 보기 좋은 것으로 직행하기 십상이다. 예컨대 이 가구가 일상에서 어떤 기능을 하기 원하는가보다 어떻게 보이기를 원하는가를 더 많이 생각하는 것이다. 어떤 물건을 구입하고 나서 '이걸 왜 샀지?' 혹은 '다른 제품을 샀어야 해' 하고 후회하지 않기 위해서는 세밀한 자기 분석이 꼭 필요하다. 인테리어 디자인도 마찬가지다. 전문가처럼 질문하고 생각하길 바란다. 그런다고 비용이 더 드는 것도 아니다.

집에서 나는 누구이며, 무엇을 하는가?

오늘날 집은 '비바람을 피할 장소' 외에 아주 많은 의미를 갖게 되었다. 사람들은 자신의 정체성과 집을 동일시하고, 집이 자신의 개성과 사회적 위치를 반영하기를 원한다. 이는 사적 영역이 공적인 영역으로 변하고, 선뜻 사진을 찍어 타인에게 보여주는 디지털 미디어 환경에서 특히 두드러진다. 오랫동안 옷과 패션을 그렇게 활용했던 것처럼 이제는 집을 통해 우리 자신의 이미지를 만들고 있다.

그러나 그러한 접근은 내가 사는 공간에 아늑함과 편리함 대신 허영을 들이는 부작용을 일으키기도 한다. 서로를 향해 뽐내기를 하는 집은 아무래도 편안함과는 거리가 멀다. 인테리어 디자인은 '표현'일 뿐 아니라 '조절'이기도 하다. 자신의 신체적·심리적 욕구를 잘 이해할수록, 그리고 그 욕구들을 조화롭게 받아들일수록, 건강하고 편안하고 아름다운 집을 디자인할 수 있다. 자신의 집이 멋지기를 원하거나 다른 사람들로부터 영감을 받는 것이 잘못된 일은 아니다. 하지만 대부분의 해답은 우리 자신 안에 있다. 어떤 환경에서 어떻게 느끼고 반응하는지, 몸속으로부터 따스하고 유쾌한 기억을 이끌어내는 요소는 무엇인지, 다른 사람이 보고 있지 않을 때 스스로를 어떻게 편안하게 하는지에 대한 대답들은 우리 밖에 있지 않다. 우리 자신이야말로 편안한 집을 만드는 가장 귀중한 실마리다.

소심하거나 예민하거나

우리집을 찾은 손님들은 강렬한 색이 쓰이지 않은 인테리어를 대하곤 종종 심심하다고 한다. 집주인인 내가 과감하지 못하고 실수를 두려워해서 밝고 중립적인 색상들로만 인테리어 디자인을 했다고 짐작하는 듯하다. 하지만 나는 형형색색의 환경이 너무 많은 에너지를 빼앗는다고 생각하는 편이다. 사실 나는 색감이 강하고 시각적 인상이 강렬한 실내에 있을 때 쉽게 지친다. 하지만 반대로 무채색의 집이 오히려 자극이 없어 기분을 지나치게 가라앉게 한다는 의견도 있다. 어느 한쪽이 옳거나 그른 것도 아니며, 다른 쪽에 비해 더 나은 것도 아니다. 왜냐하면 인테리어 디자인은 우리 자신과 외부 자극을 어떻게 관계 맺게 하는지에 관한 문제이기 때문이다.

"내가 무엇을 좋아하는지는 다른 사람에게서 알아낼 수 있는 것이 아니다."

_ 테런스 컨랜(Terence Conran, 영국의 산업디자이너)

원하는 것을 찾아가는 법

우리 인간은 개인으로서 독특하다. 하지만 이 명백한 사실에도 불구하고 대부분의 집에 놓인 기본 가구들은 놀랍도록 비슷하다.

어떤 가구를 선택하고, 또 그 가구를 어떻게 배치하는지는 그곳에서 우리가 어떤 삶을 살지를 결정하는 일이다. 바꿔 말하면, 인테리어 디자인은 우리가 그 공간을 어떻게 사용할지에 따라서 결정되어야 하는 것이다.

친구들과 집에서 많은 시간을 보내는 사람에겐 아마도 여러 사람이 둘러앉을 소파나 테이블이 필요할 것이다. 반면에 책을 읽으며 느긋이 쉬는 걸 즐기는 사람은 정말 좋은 독서용 의자에 돈을 쓸 것이다. 외향적인 사람은 대개 개방형 배치를 선호할 것이고, 다른 사람들로부터 벗어나 에너지를 축적하고 싶은 이들이라면 문이 달린 아늑한 방이 더 잘 맞을 것이다.

그렇다면 개인의 성격에 맞는 집, 내가 원하는 삶의 방식에 맞는 집은 어떻게 구현할 수 있을까? 이렇게 질문을 던져 보자. 나는 언제 가장 편한가? 어떤 곳이라면 더욱 자주 편안함을 느낄 수 있을까?

아이들의 욕구까지 담아내기

가족 구성원 중에 어린이나 청소년이 있다면, 어른만 취향이 있는 게 아니라는 점을 주의하도록 하자. 어린 아이들도 집이라는 공간에서 실현하고 싶은 다양한 욕구가 있다. 아이들이 언제 어떻게 편안함을 느끼는지, 성장하면서 욕구가 어떻게 변하는지 세심하게 이야기를 나누어야 한다.

몇 가지 질문

- **사회적이며 외향적인가?**

  언제든 손님을 편하게 맞이할 수 있도록 큰 식탁을 준비하고, 가족 수보다 더 많은 의자를 마련한다.

- **내향적이며 사교 모임보다 취미 생활에 더 많은 시간을 할애하는가?**

  있더라도 전혀 사용하지 않는다면 여럿이 앉는 소파나 큰 식탁은 과감히 치워버린다. 불필요한 공간을 자신에게 꼭 필요한 공간으로 재구성한다.

- **스트레스에 민감한가?**

  커다란 초록 식물이나 평화로운 그림처럼 평온함을 위한 장치들을 거실에 둔다. 책을 읽거나, 음악을 듣거나, 편히 휴식을 취할 수 있도록 가구와 가전을 재배치한다. 접근이 쉬운 공간을 만들어 필요할 때면 언제든 휴식을 취할 수 있도록 한다.

- **스크린을 많이 보는가?**

  대화를 유도할 수 있도록 가구 배치를 바꿔 본다. 예를 들어 텔레비전을 향해 가구를 배치하는 대신 소파 두 개를 마주 놓거나, 테이블 주위에 안락의자 몇 개를 배치해 둘러앉을 수 있도록 한다.

- **소리에 민감한가?**

  부엌 환풍기와 식기 세척기, 세탁기 같은 백색가전 제품을 선택, 배치할 때 특별히 소음에 신경을 쓴다. 반향이나 발소리 등 내부 자재를 통해 낮출 수 있는 소음들을 먼저 체크해 인테리어에 반영한다. 러그와 카펫 등을 이용해 청각적 자극을 줄일 수도 있다.

● 어수선함이 신경 쓰이는가?

시각적 소음에 약한 사람들에겐 수납이 중요하다. 되도록 눈에 보이지 않는 곳에 물건을 수납할 수 있게 하고 일상적으로 쓰이는 자잘한 생활용품들은 최대한 쉽게 치울 수 있도록 인테리어 디자인을 한다.

싫어하는 것도 조사하기!

나의 취향과 내가 무엇을 편안해 하는지 정확하게 알기 위한 또 다른 요령은, 좋아하지 않는 인테리어 디자인을 모아 왜 싫어하는지를 생각해보는 것이다. 무엇에 끌리고 무엇을 피하려 하는지, 컴퓨터에 두 개의 폴더(예컨대 녹색 표시 폴더와 빨강 표시 폴더)를 만들어 분류해보도록 하자. 어떤 공간을 왜 좋아하지 않는지를 숙고하는 일은 좋아하는 공간을 분석하는 일만큼이나 유용하다. 원하는 것과 피하고 싶은 것을 동시에 나열해보면 때로는 스스로도 설명하기 힘든 취향을 좀 더 정확하게 이해할 수 있다.

체크 포인트

- 어린 시절을 돌이켜 본다. 특정 공간 또는 스타일에서 비롯된 좋은 기억이 있는가? 떠오른다면 그런 방이나 장소를 묘사해 본다.
- 언제 컨디션이 가장 좋은가? 이유는 무엇인가?
- 미래에 어떻게 살기를 원하는가? 이랬으면 좋겠다 하는 이상적인 모습이 있는가?
- 어떤 색을 좋아하는가? 좋아하지 않는 색은?
- 오래된 고전 가구를 좋아하는가, 아니면 새롭고 현대적인 디자인에 더 끌리는가? 우아한 인테리어를 좋아하는가, 아니면 소박한 환경이 더 편안한가?
- 어떤 종류의 목재와 마감재를 가장 좋아하는가?
  (밝은/짙은/마감 처리되지 않은/바니쉬 코팅/페인트 마감)
- 좋아하는 인테리어 디자인 매장이 있는가? 그곳은 어떤 곳인가? 이유는 무엇인가?
- 편안한 느낌을 받는 호텔이나 레스토랑이 있는가? 이유는 무엇인가?
- 예산은 얼마인가? 가구와 인테리어에 어느 정도 지출하는 것이 적절하다고 생각하는가?

위 질문에 대한 대답을 종이 한 장에 기록하고, 혼자 생각하거나 본인을 잘 알고 있는 사람과 의논하자. 함께 작성해서 서로 비교하며 생각을 나누는 것도 도움이 된다.

원리와 법칙

책 전체에서 가장 부담스러운 내용일 수도 있지만, 그만큼 중요한 장이다. 그래픽 디자이너, 건축가, 사진가, 그 외 여러 분야의 디자이너들이 작업을 하면서 참고하고 사용하는 기본 원칙을 소개한다. 이 책의 다른 부분들을 읽을 때 지금부터 소개하는 개념과 사례들이 아주 유용하게 쓰일 것이다.

디자인 수학

지금껏 살아오면서 계산 능력이 나의 장점이었던 적은 단 한 번도 없다. 나는 언제나 숫자보다는 색이나 형태에 더 이끌렸다. 그러나 작업이 정체되어 있을 때는 오히려 수학적 사고가 나를 그 답답함의 늪에서 구출해주었다. 물론 언제나 성공적인 인테리어 디자인을 보장하는 보편적인 공식이나 해답은 없다. 하지만 조화로운 구성을 이루는 원칙은 있다. 바로 이 원칙이, 온통 이미지의 세계처럼 보이는 디자인과 수학이 겹치는 부분이다. 거창하게 말하자면 디자인의 역사 속에는 디자이너들이 원칙으로 삼는 조화로운 수학의 결실이 간직되어 있고, 이를 보고 익힐 때 자기만의 취향과 아이디어를 멋지게 구현할 수 있는 것이다. 전문가들의 직관도 결국은 반복적인 학습을 통해 형성된다. 전문가들이 직관적으로 해내는 그 일들을 우리도 연습을 통해 계산해낼 수 있다. 조금만 연습하면 우리도 "그거? 직관이야!"라고 말하는 순간을 경험하게 될 것이다.

황금비(황금분할)

황금비 혹은 황금분할은 고대에서부터 현대에 이르기까지 미술과 건축과 음악 등 여러 분야에서 조화로운 비율과 구성을 계산하는 데 사용된 수학 공식이다. 피타고라스와 피보나치는 황금비를 최초로 정의한 사람들로 일컬어지며, 그 이후로도 황금비의 역사는 다채로웠다. 황금비는 우리가 아름답다고 말하는 것이 무엇인지, 뚜렷한 답을 제시한다. 황금비 이론은 황금사각형과 황금나선, 황금삼각형 같은 특정한 기하학적 모양을 포함하고 있다. 그래서 황금비를 알아내기 위해 계산기를 꺼낼 필요

황금비는 한 선분을 긴 선분 a와 짧은 선분 b로 나누는 비율로 나타낼 수 있다. 이 때 a + b : a = a : b라는 비례식이 성립해야 한다. 즉 전체 선분을 긴 선분 a로 나눈다면 긴 선분 a를 짧은 선분 b로 나누는 것과 같은 숫자가 나온다. 이때의 값이 황금비 1.618이다. 이 아름다운 비율은 자연에서부터 예술과 건축물과 은하와 인체에 이르는 세상의 모든 것에서 발견되었다.

$$\frac{a+b}{a} = \frac{a}{b} = \phi \approx 1.61803$$

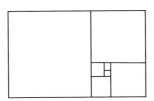

황금 사각형

황금분할의 예는 건축에서 흔히 찾을 수 있다.

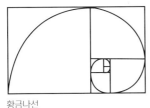

황금나선

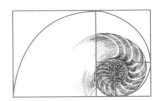

자연에서도 황금비의 사례를 찾아낼 수 있다.

균등 분할

비균등 분할

황금비(황금분할)

가 없는 것이다. 숫자에 약한 사람들도 누구나 황금비를 활용할 수 있다.

구성과 비율

　　　　역사적으로 황금비는 언제나 건축가와 그래픽 디자이너의 길잡이가 되어주었다. 인테리어 프로젝트에서도 황금비는 어려운 결정을 쉽게 만들어주곤 한다. 특히 아마추어 디자이너에게 커다란 도움이 되는 개념이다.

피보나치의 나선 형태를 따라하면 공간에 흥미진진한 역동성을 만들어낼 수 있다. 그리고 많은 인테리어 디자이너들은 '60:30:10＋B/W'(배색에 관한 장에서 더 자세히 설명된다)에 따라 어떻게 색을 조합할 것인지 결정하기 위해 황금비를 이용한다. 이 모델을 언제나 엄밀히 따라야 하는 것은 아니지만, 이미지

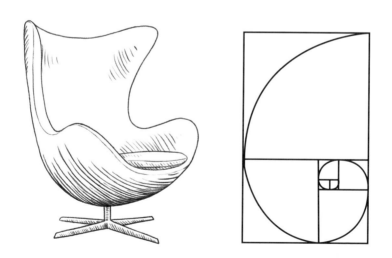

많은 클래식 가구들이 황금비 또는 황금나선의 개념으로 설계 디자인 되었다.

를 분석하다 보면 이 모델이 끊임없이 다양한 형태로 변주되어 나타나는 것이 보인다.

삼등분 법칙

황금비의 예가 복잡하다고 생각된다면 공간을 두 부분 대신 세 부분으로 나누어 보는 것도 한 방법이다. 이렇게 하면 황금비를 개략적으로 단순화할 수 있는데, 물품 배치 시 최적의 위치를 알아내는 데 도움이 된다. 이는 삼등분 법칙 또는 "신성한 비례"라는 별칭으로 알려져 있다. 실용적이고 수학적으로 덜 복잡하기 때문에 일상적인 인테리어 디자인에 적용하기도 더 쉽다.

삼등분 법칙은 디지털카메라 속의 선들, 즉 피사체를 어디에 배치할지를 안내하는 뷰파인더의 작고 희미한 격자에서도 찾을 수 있다. 격자는 황금비와 단순화된 삼등분 법칙을 기반으로 이미지 표면을 가로와 세로로 각각 삼등분한다. 여기서 기억해야 할 것은 훌륭한 구도의 사진을 찍기 위해서는 주요 피사체를 프레임의 중간보다 오히려 선들이 만나는 교차점 중 하나에 두어

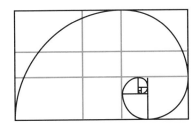 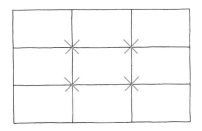

디지털 카메라에는 뷰파인더에 격자가 나타난다. 격자는 카메라의 수평을 잡는 데도 도움을 주지만, 초점을 황금비 또는 삼등분 선들의 교차점 중 하나에 맞추는 데도 도움을 준다.

야 한다는 것이다. 우리는 격자선의 도움으로 교차점을 신속하게 찾을 수 있으며 배치하고자 하는 물건을 정중앙에 놓는 전통적인 실수를 멋지게 피할 수 있다.

유명한 사진이나 영화, 또는 텔레비전 뉴스 스튜디오의 구도를 살펴보면, 전 세계 사진작가와 카메라맨이 위와 같은 원칙에 따라 작업한다는 것을 알 수 있다. 여간해서는 주 피사체를 전체 화면의 중심에 배치하지 않는다. 이러한 배치는 어쩌면 여러분이 지금껏 자기도 모르게 고수해온 인테리어 디자인과 스타일을 해체할 수도 있다. 하지만 여러분이 집을 조화롭게 구성하기 위해 세부 요소들을 어디에 어떻게 배치해야 하는지 아주 쉽게 알려준다.

삼등분 법칙은 인테리어 디자인을 할 때, 중요한 물건을 방이나 벽 어디쯤에 놓거나 걸어야 할지를 알려주는 훌륭한 가이드가 되어줄 것이다. 벽이든 방이든 거실이든, 그 공간의 면을 이등분 대신 삼등분하는 것으로 시작해보자. 바로 그렇게 나뉘어진 교차점에서 균형과 조화가 시작된다.

"기하학에는 두 개의
보물이 있다.
하나는 피타고라스의 정리이고
다른 하나는 황금비다."

_ 요하네스 케플러(Johannes Kepler, 독일의 천문학자)

삼각형과 삼각형 원리

　　　삼각형이라는 틀로 인테리어 이미지를 분석하기 시작하면 어느 순간 머리가 어지러워질지도 모른다. 어디에서나 삼각형이 나타날 것이기 때문이다. 거의 모든 시각 예술가들은 삼각형 또는 삼각형 원리를 활용한다. 특별히 복잡하지도 않은데 결과는 대체로 성공적이기 때문이다. 아마추어가 따라하기에도 어렵지 않다. 원리는 아래의 그림과 같다. 소품의 무리가 전체적으로 삼각형의 윤곽을 형성하게 하거나, 각각의 소품을 삼각형의 꼭짓점에 배치하는 것이다. 정삼각형뿐 아니라 직각 삼각형 모양으로도 작업할 수 있다.

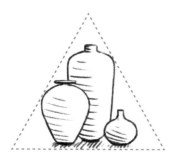 

시각적 중심

　　　　황금비 이론과 삼등분 법칙에 따르면 사물을 중심에 두는 것이 언제나 최적은 아니다. 시각적 중심은 그래픽 디자인에서 자주 사용되는 개념인데, 사람들이 인식하는 중심과 실제 중심은 다를 수 있다는 명제에서 비롯된다. 사실 시각적 중심은 물리적 중심 바로 위(약 10퍼센트 높은 지점)에 있다. 이러한 이유로 상업 광고 이미지에서도 정중앙에 초점을 맞추는 일은 드물다. 대개 상단보다 하단에 약간 더 많은 공간을 남긴다. 액자 프레임 속의 매트지도 종종 상단보다 하단이 더 높은데, 이런 경우 이미지는 자연스럽게 액자의 중앙보다 약간 높은 곳에 위치하게 된다.

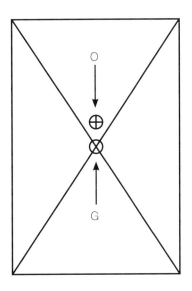

시각적 중심(O)은 우리의 눈이 중심으로 인식하는 지점이다. 시각적 중심은 실제 중심(G) 바로 위, 그러니까 황금비와 비슷한 높이에 있다.

초점

카메라를 다루는 데 익숙한 사람들은 카메라 렌즈가 피사체를 향하는 순간, 초점을 어디에 맞출지 자연스럽게 선택한다. 프레임 안에서 무언가를 선택해 초점을 맞추고, 그렇게 선택한 대상을 크게 보이게 하거나 눈에 잘 띄게 강조하는 것이다. 그런데 인테리어 디자인을 할 때면 이토록 당연한 접근 방식을 쉽게 잊곤 한다.

인테리어나 스타일링을 할 때 아마추어들이 범하는 가장 흔한 실수는 가구나 소품을 모두 키를 맞춰 높거나 낮게 배치하는 것인데, 마치 이는 모두를 '똑같이 주목해주세요'라고 요구하는 것과 같다.

이 문제를 해결하는 정석은 초점 개념을 생각해보는 것이다. 지금 이 공간에서 가장 먼저 눈에 띄는 것은 무엇인가? 가장 먼저 주목받았으면 하는 것은 무엇인가? 두 질문에 대한 답이 같은가? 아니면 좀 더 눈에 잘 띄도록 시선을 조정할 필요가 있는가?

아름다운 전망, 액자 또는 시선을 사로잡는 멋진 가구가 있어도 그것에 시선이 머물지 않는다면, 모든 오브제들이 동시에 관심을 끌어 시선의 자연스러

무리의 점들 중 어떤 것에 눈이 가는가? 색, 대비, 배치에서 일어나는 일탈은 언제나 도드라지며 관심을 끄는 경향이 있다. 인테리어 디자인을 하면서 선택된 초점에 관심을 유도하고 싶을 때, 일탈은 충분히 고려해볼 만한 장치다.

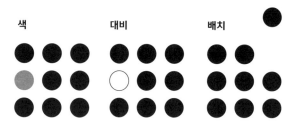

운 흐름을 방해하기 때문이다. 물론 반대로 특별히 집중할 것이 없어 안정감을 해칠 때도 있다. 만약 이런 상황이라면, 그곳이 거실이든 방이든, 원하는 느낌을 부각하기 위해서 초점을 다시 설정하고 조정해야 한다. 다시 말해 보는 이의 시각을 재설계해야 하는 것이다.

새로운 인테리어 디자인을 계획하고 있다면 스케치 단계에서 이 아이디어를 테스트하길 바란다. 강조하고 싶은 것과 누그러뜨리고 싶은 것이 무엇인지 곰곰이 생각하자.

아무리 작은 방 하나라 할지라도 너무 오랫동안 고민하면 그 공간을 제대로 보기 어려워진다. 그럴 때에는 다른 사람에게 가장 먼저 눈에 들어오는 게 무엇인지 묻거나, 공간 전체가 한 화면에 담기도록 휴대 전화로 사진을 찍어 보는 것도 도움이 된다. 카메라 렌즈를 통해 공간을 다시 보고 평가함으로써, 무엇에 눈이 자연스레 향하는지, 선택한 초점을 부각하기 위해서 무엇을 조정해야 하는지를 신속하게 확인할 수 있다. 무엇을 옮기거나 비슷한 것끼리 모아야 하는지, 때로는 무엇을 없애야 하는지 알게 될 것이다.

선으로 부리는 마법

선은 인테리어 디자인과 스타일링 작업을 할 때 이용하는 강력한 시각적 도구 중 하나다. 방의 가구 또는 벽지와 직물에 선을 사용함으로써 착시 현상을 일으켜 확대하거나 축소하거나 주의를 분산시키거나 강조할 수 있다. 따라서 가구나 소품을 배치할 때 선이 어떻게 그어져야 하는지를 생각하는 것이 중요하다.

리딩 라인(leading line, 길잡이 선)

인테리어 디자이너는 '리딩 라인'이라는 용어를 자주 쓴다. 리딩 라인은, 보는 사람의 시선을 어느 한 지점에서 다른 지점으로 이끌어주는 역할을 하는 선이다. 사진가가 이미지를 구성하거나 오브제를 어디에 배치해야 할지 고려할 때 사용되는 이 선은, 주변 환경에 깊이감과 방향감을 만들어내기 때문에 인테리어 디자인을 할 때에도 자주 쓰인다.

인테리어 디자인을 할 때 리딩 라인으로 삼을 만한 선은 다양하다. 건축물의 일부인 벽과 바닥과 걸레받이(굽도리널, 바닥과 벽이 맞닿는 부분의 마무리를 위해 부착한 수평 부재)처럼 쉽게 움직일 수 없는 선들이 있는 반면, 가구와 카펫, 조명처럼 언제든지 이동이 가능한 선도 있다. 그림자와 빛도 어떻게 떨어지는지에 따라 강한 선을 만들어내고, 비어 있는 공간도 선이 된다. 방 안에 있는 가구들과 소품들 사이의 공간이나 통로를 활용하는 것도 방법이다. 이 모든 것들이 시선을 유도하는 리딩 라인의 역할을 훌륭하게 해낸다.

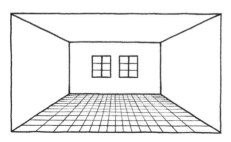

작은 정사각형으로 이루어진 바닥은 공간을 더 아늑하게
만든다.

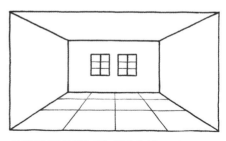

큰 정사각형으로 이루어진 바닥은 공간을 더 커 보이게 한
다.

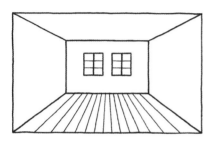

세로 모양으로 이루어진 바닥은 공간을 좁고 길게 느껴지
게 만든다.

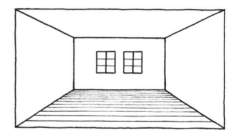

가로 형태로 선이 있는 바닥은 공간을 더 넓게 느껴지게 만
든다.

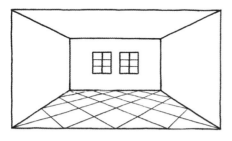

타일을 대각선 모양으로 시공하면 공간에 개방감을 주는
경향이 있다.

바닥 전체를 바꿀 수 없다면, 원하는 모양의 선이 그려진
러그나 카펫을 이용해보자.

대각선

황금비를 효과적으로 이용하는 인테리어 전문가들은, 보는 이의 시선을 위 또는 아래로 비스듬하게 이끄는 대각선의 중요성에 대해서도 강조한다.

구체적인 예를 들자면, 벽에 걸린 액자나 테이블 위의 소품들을 하나의 덩어리로 보고 그 윤곽선을 이었을 때 대각선이 만들어지는 경우이다. 이는 가상의 선이 보이는 것과 같은 효과를 주고, 이러한 선이 결국 보는 이의 시선을 의도된 지점으로 향하게 한다.

수평선

수평선을 이용하면 공간을 가로로 더 넓어 보이게 할 수 있다. 좁게 느껴지는 공간에 새로운 수평선을 추가하는 것도 방법이고, 있던 선을 더 선명하게 하여 착시 효과를 높일 수도 있다. 가로 줄무늬 벽지나 가구를 이용할 수 있으며 카펫과 러그의 패턴으로 비슷한 효과를 줄 수 있다. 벽을 따라 길게 이어지는 선반도 수평선의 역할을 훌륭하게 해낸다. 천장이 지나치게 높을 때에는 나무 패널이나 다도 레일(dado rail, 벽의 윗부분과 다른 색으로 칠하거나 다른 재질로 만든 벽의 아랫부분인 '다도'를, 윗부분과 구분하기 위해 붙이는 몰딩)을 사용해 수평선이 주는 또 다른 효과를 낼 수 있다. 수평선이 벽면을 분할하면서 천장이 낮아진 느낌을 받게 되고 휑하던 공간은 아늑하게 변모한다.

수직선

세로 줄무늬 벽지를 활용하는 게 가장 손쉬운 방법이지만, 바닥에서 천장까지 이어지는 여러 단의 좁은 선반도 착시 효과를 일으킨다. 수직선이 강조된 선반으로 인해 시선은 위로 향하게 되고 천장 높이는 실제보다 높은 것처럼 느껴지게 된다.

곡선

전반적인 인테리어 디자인이 지나치게 날카롭고 각지게 느껴지지 않도록 부드러운 곡선 역시 필요하다. 곡선은 아치형 천장, 둥근 창문이나 벽면과 같은 집의 하드웨어로 표현될 수 있지만, 원형 러그와 가구, 아치형 거울처럼 소품의 도움으로도 연출될 수 있다.

바닥의 선

우리의 눈을 현혹하는 또 다른 선은 바닥에 있다. 원목마루를 시공할 것인지 아니면 타일을 시공할 것인지, 어느 정도 크기의 조각을 어떤 모양으로 이어 붙일지에 대한 문제는 단순히 공간을 얼마나 넓어 보이게 하느냐 뿐만이 아니라 전체적인 분위기까지 좌우한다. 실내의 형태와 어떤 느낌을 주고 싶은지에 따라 선택하면 된다.

시각적 무게

물리적 무게는 킬로그램이나 그램과 같은 중량에 대한 문제지만, 시각적 무게는 물체가 어떻게 눈에 인식되는지에 관한 문제이다. 전문가들은 종종 인테리어 디자인에는 '무게 중심'이 있어야 된다고 말한다. 또한 여름에는 인테리어를 '가볍게' 해야 한다고 조언한다. 그렇다면 시각적 무게란 실제로 무엇을 의미하는지, 우리의 눈은 어떤 경우에 대상을 무겁거나 가볍게 인식하는지 알아보도록 하자. 다음은 인테리어 디자이너와 스타일리스트가 상대적으로 더 무겁거나 더 가벼운 것으로 제시하는 몇 가지 예이다.

더 무거운 것	더 가벼운 것
큰 사이즈의 물건	작은 사이즈의 물건
짙은 색	밝은 색
높은 대비	낮은 대비
따뜻한 색조	차가운 색조
모서리와 가장자리의 물건	가운데 있는 물건
대각선	수평선
복잡한 형태	단순한 형태

시각적 무게는 리딩 라인처럼 한 공간의 초점을 의식적으로 강조해서 그곳으로 시선이 향하게 한다. 밝은 색의 방에서 초점을 만들어내고자 한다면 아마도 눈길은 더 어두운 물체에 끌릴 것이다. 마치 정물화속 소품처럼 비슷비슷한 물건들이 무리를 이루고 있을 때는 원하는 소품을 가장자리에 배치해 강조할 수 있다.

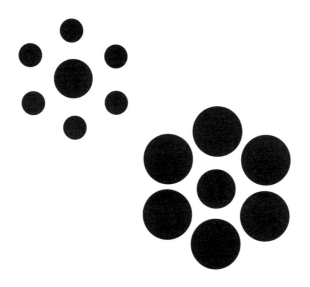

착시 현상: 중앙에 있는 원들이 크기가 다른 것처럼 보이는가? 둘러싼 사물의 크기에 따라 똑같은 사물이 다르게 인식될 수 있다.

또한 사물들이 저마다 다른 시각적 무게를 지닌다고 말하는 사람들도 있다. 이들은 어떤 가구나 소품을 선택하는가에 따라서 공간의 문제점을 보완할 수도 있다고 말한다. 시각적으로 더 무겁게 느껴지는 가구를 선택하면 소리가 울릴 것 같은 공간의 허전한 느낌을 해소할 수도 있다는 식이다. 헐겁게 짠 직물이나 투명한 유리가 달린 가구에 비해 시각적 밀도가 높은 가구가 공간을 더 잘 채운다는 것이다.

만약 사는 곳이 비좁게 느껴진다면, 가벼운 느낌의 직물이나 가구를 이용해 시각적 무게를 조정해 볼 수 있다. 더 시원한 색과 더 단순한 형태의 밝은 인테리어 디자인에 집중하면 어둡고 복잡한 환경을 확실히 가볍고 시원하게 연출할 수 있다.

고정점/고정하기

방이든 어떤 공간이든 제대로 균형 잡혀 있지 않다고 느껴지면 어떻게 가구를 배치할지 다시 생각해보는 것이 가장 빠른 해결법이다. 고정점(앵커링, 접지 또는 고정이라고도 한다)은 무게 중심을 의미하는데, 고정점을 초점 개념과 혼동해서는 안 된다.

고정점은 가장 먼저 눈에 띄는 것이 될 필요가 없다. 오히려 여러분이 원하는 위치로 시선이 움직일 수 있도록 어떤 차분함이나 무게, 깊이를 만들어내는 보조적 역할을 한다. 비유적으로 표현하면 일종의 시각적 닻과 같은 역할을 하는 것이다. 예를 들어 시각적인 요소들이 많은 큰 방에는 가구들을 서로 이어주고 분위기를 차분하게 만들어주는 큰 러그를 까는 것이 효과적이다. 시각적 닻인 러그 덕분에 다른 가구들이 조화롭고 응집력 있게 느껴지는 것이다. 이런 안정감 속에서, 이 공간에서 주목을 받았으면 하고 선택한 초점, 예를 들어 그림이나 조명으로 자연스레 주의가 유도될 것이다.

그러면 다음을 염두에 두고 인테리어를 분석해보자. 방에 있는 가구의 시각적 무게가 비슷한가? 모든 방에 명확한 고정점이 있는가? 일부 공간에는 이미 여러분도 모르는 사이에 시각적 닻이 튼튼하게 박혀 있을 수도 있다. 부엌에서는 식탁이고, 거실에서는 소파, 침실에서는 아마도 침대가 그 기능을 할 것이다. 그러나 이처럼 자연스러운 고정점이 없는 공간에서도 위와 같은 질문은 꽤 유용하다. 자잘한 물건들이 차분하게 자리 잡고 있을 수 있게 해주는 감각적 인상의 추를 만들어주면 좋다. 자칫 어지러워 보일 수 있는 현관엔 탄탄한 서랍장이, 공부방엔 제대로 된 책장이, 욕실엔 견고한 세면대가 그런 역할을 할 수 있다.

또한 비록 하나의 소품일지라도 그 안에 디테일이 풍부하다면, 예를 들어 커다란 화병이나 거울, 장식장 등은 하부에 명확한 무게 중심이 필요할 수 있다. 가장 큰 책들을 책장 아래쪽 선반에 놓았을 때 책장이 더욱 안정적이고 조화롭게 느껴지는 것과 같은 이치다.

 방 안 각 면의 색을 결정할 때는, 자연이 어떻게 색을 분배하고 있는지 생각해보면 무난한 결과를 얻을 수 있다. 아래쪽에 무거운 색을, 위쪽에 더 가벼운 색을 사용하면 썩 괜찮은 균형을 이룬다. 따라서 바닥은 어두운 색(지구)으로 하고, 천장으로 갈수록 밝게(하늘) 해야 한다.

홀수 규칙

인테리어 디자인과 스타일링 영역의 여러 작업은 결국 균형을 만들기 위함이지만 '장식'에 관해서라면 얘기가 달라진다. 장식의 세계에서는 대개 홀수가 더 흥미롭다. 어떤 이들은 그것이 물건을 짝짓기 좋아하는 두뇌의 욕구 때문이라고 주장하기도 한다. 우리 두뇌는 같은 수의 짝이 아니면 남는 물건을 지우려는 경향을 보인다는 것이다. 그리고 또 어떤 이들은 세 개의 물건이 모여 있을 때, 두 물건 사이에 자연적인 중심이 만들어지며, 그렇게 만들어진 중심이 눈길을 더 잘 끈다고 이야기한다.

'무엇이 옳은가'와는 별개로 홀수 배치는 인테리어 디자이너 사이에서 매우 흔한 방식이다.

이 원칙은 사진과 건축에도 많이 응용된다. '어떻게 가구를 놓을 것인가'에서부터 '어떻게 소품들을 모아 놓을 것인가'에 이르기까지 모든 문제에 적용 가능하다. '3의 법칙'이라 불리는 이 원칙은 사실상 짝수를 피하는 것을 의미한다. 따라서 3, 5, 7의 개수로 물건을 모아 배치하면 구성이 더 흥미로워질 것이다.

대비와 병치

많은 디자이너들은 '대비'가 인테리어를 성공적으로 만든다고 이야기한다. 대비가 없는 공간은 지루하고 밋밋하게 느껴진다는 것이다. 대비 효과는 스타일링에서 역동성을 만들어내고자 할 때 선택할 수 있는 최선의 방법이다. 모든 것들을 그대로 둔 상태에서 대비를 고려하여 하나의 세부 요소만 바꾸더라도 즉각적인 효과가 나타난다.

빛과 어둠은 우리가 가장 명확하게 느끼는 대비다. 벽을 더 어두운색으로 칠할 계획이라면, 대비를 한 번 더 숙고할 것을 권한다. 모든 조명등 버튼, 전기 콘센트, 혹은 라디에이터를 흰색으로 그대로 놓아둔다면, 이 구성 요소들은 밝은 배경에 있을 때보다 훨씬 더 도드라지기 때문이다.

대비의 방식 중 하나는 의식적으로 물체를 나란히 배치하는 병치로, 차이를 부각하기 위해 대조되는 요소, 즉 스타일이 서로 다른 가구나 소품을 함께 두는 것이다. 유광과 무광, 거친 것과 매끈한 것, 투박한 것과 현대적인 것을 같은 공간에 섞어 놓으면 대비 효과를 얻을 수 있다.

인테리어 요소의 모양이나 표면의 성질을 파악하여 대비를 만들어내도록 하자.

인테리어 디자인에서 반대되는 느낌의 예

단단한	부드러운
곧은	굽은
모난	둥근
어두운	밝은
거친	매끄러운
무광인	광택이 있는
큰	작은
짙은	투명한(연한)
단색인	무늬가 있는
따뜻한	차가운
높은	낮은
헝클어진	매끄러운

정반대의 스타일로 균형 잡기

재질이나 마감재를 상반되게 사용하는 것 외에, 정반대로 느껴지는 두 가지 인테리어 스타일을 병치하는 것도 훌륭한 선택이 될 수 있다. 집의 유형과 특성에 따라 사람들이 충분히 예상할 수 있는 스타일을 선택하는 것이 아니라, 의도적으로 완전히 다른 스타일을 선택함으로써 공간의 분위기를 고조시켜 보자. 현대적인 안락의자 옆에 있는 앤티크 서랍장은, 같은 스타일의 새 가구가 나란히 있을 때와는 완전히 다른 방식으로 매력을 발산한다. 스타일의 대비는 번지르르한 장식으로 치장된 집을 정돈해주고, 자연적인 매력이라곤 없는 새 집에 온기를 불어넣는다.

서로 다른 스타일을 충돌시켜 멋진 긴장을 연출하기 위한 한 가지 요령은 공통분모를 찾는 것이다. 공통분모는 색일 수도 있고 소재일 수도 있다. 만약 테이블 주위에 놓인 의자들의 스타일이 모두 다를 때, 그것들의 색깔이 전부 검정이거나 혹은 모두 같은 종류의 나무로 만들어졌다면 더 짜임새 있어 보일 것이다.

텍스처와 표면의 감촉

색과 형태가 공간의 분위기에 커다란 영향을 미친다는 것에 이의를 제기하는 사람은 없을 것이다. 반면 텍스처와 표면의 감촉을 색과 형태만큼 신경 쓰는 사람은 그다지 많지 않다.

오늘날의 많은 집들, 특히 현대적인 집일수록 천편일률적이고 밋밋하기 십상이다. 여러 이유가 있겠지만, 가장 큰 영향을 미친 것은 MDF와 파티클 보드로 만들어진 가구일 것이다. 그러한 가구는 저렴하고 쉽게 구할 수 있기 때문에 인테리어의 대중화에 기여했다는 측면은 있지만, 다양한 표면과 텍스처의 즐거움을 사라지게 했다는 점에서는 아무래도 아쉽다. 아마 방에 생기가 없다면, 이러한 이유 때문일 확률이 높다.

다채로운 질감을 혼합해 활용하는 것을 늘 기억해 두길 바란다. 매끈한 재질과 더불어, 자연적이고, 거칠고, 부드럽고, 푹신하고, 빛나고, 홈이 파이고, 직조되고, 편조되고, 심지어 부식되거나 투박한 재료를 섞어서 배치해보도록 하자. 그리고 물리적 질감과 시각적 질감의 미묘한 차이를 반드시 기억하길 바란다.

물리적 질감

표면에 요철이 있으면 눈을 감아도 느낄 수 있다. 손바닥으로 곱슬곱슬한 양털을 쓰다듬거나 부드러운 러그를 맨발로 걸을 때 피부에 닿는 느낌을 상상해보자. 우리가 촉감이 풍부한 재료를 좋아하고, 부드러운 담요를 걸치거나 편안한 잠옷을 입고 자는 데는 생리학적 이유가 있다. 뇌과학을 통해 인테리어 디자인의 영감을 얻는 뉴로 디자이너 이사벨 세발(Isabelle

Sjövall)에 따르면, 익숙한 촉감이 사람들에게 평온과 진정을 가져다주는 옥시토신의 분비를 자극한다고 한다.

시각적 질감

오직 눈으로만 감지하는 질감이다. 예를 들어, 실제 종이 표면이 완전히 매끄럽더라도 불규칙한 면을 담은 사진은 착시를 일으킬 수 있다. 표면이 거칠다면 그림자는 그 표면이 어떻게 빛을 받는지에 따라 다르게 드리워진다. 이렇게 빛은 우리의 눈이 질감을 느끼는 데 있어 절대적으로 영향을 미친다. 빛과 그림자는 공간의 형태와 느낌에도 영향을 미치는데, 이런 이유로 인해 다양한 재질로 이루어진 공간은 더 많은 생기를 뿜곤 한다.

» **거칠고 고르지 않은 표면**
- 빛을 덜 반사하는 표면은 색감을 가라앉히는 효과가 있다.
- 질감이 살아 있는 표면은 방을 보다 부드럽고 따뜻하게 만든다.
- 거친 표면은 종종 소박하게 느껴진다.

» **매끈하고 광이 나는 표면**
- 빛이 반사되는 표면은 더 가벼운 느낌을 준다.
- 반짝이는 질감으로 채워진 방은 더 딱딱하고 춥게 느껴진다.
- 광택이 있는 표면은 현대적인 느낌을 주는 경향이 있다.

인테리어 디자인에서 질감의 사례

질감이 다양한 대비를 이루면 공간의 깊이가 더해진다. 만약 세부 요소를 바꿨는데도 지루한 느낌이라면, 여러 가구나 소품, 벽과 천장과 바닥의 질감이 너무 천편일률적이진 않은지 점검해보도록 하자. 텍스처의 느낌이 다양할수록 공간은 재미있어진다. 아래 재료 중 일부를 섞어 보도록 하자.

• 질감이 독특한 러그(예: 리아 러그)
• 양가죽
• 주름이 자연스러운 리넨 커튼
• 폭신하고 부드러운 담요
• 직물 또는 다림질이 되지 않은 아마포
• 표면에 요철이 있는 유리 화병
• 손으로 빚은 도자기
• 나무의 결이 그대로 보이는 가구 또는 디자인 소품

질감이 거친 큰 사이즈의 러그는 작은 쿠션과는 비교가 안 되는 효과를 낸다. 표면적이 클수록 공간에 미치는 효과가 크다.

대칭

간단히 설명하자면, 대칭은 전체를 이루는 두 부분이 서로 거울에 비친 물체처럼 보이는 것이다. 대칭의 효과를 내는 방법은 여러 가지다. 인테리어 디자이너들이 대칭을 통해 균형을 만들어내는 방법을 살펴보자.

거울 대칭

나비의 날개처럼 한쪽이 다른 쪽을 거울로 비추듯 반영하는 모양새다. 디자이너들은 주로 침실에서 협탁이나 램프를 침대의 양쪽에 배치하는 대칭 균형을 사용한다. 거울 대칭은 수직과 수평 모두 가능하다.

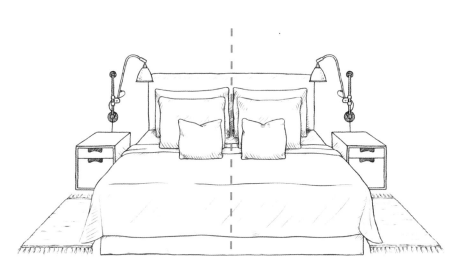

거울 대칭: 많은 인테리어 디자이너는 평화롭고 조화로운 균형을 만들어내기 위해 침대 양쪽에 비슷한 협탁과 조명등을 배치한다.

회전 대칭

하나의 축을 중심으로 회전시킬 때 그 모양이 변하지 않는 패턴(예: 둥근 매트에 그려진 별 또는 반복되는 패턴)을 말한다. 둥근 가구로 인테리어 디자인을 할 때, 특히 전문가들은 방사형 균형에 각별히 신경을 쓴다. 만약 다이닝룸에 원형 식탁이 놓여 있다면, 대부분의 인테리어 디자이너는 직사각형 러그나 가늘고 긴 조명으로 시선의 흐름을 끊는 대신, 둥근 조명과 둥근 러그를 선택한다.

방사형 균형: 어느 쪽에 앉아 있는지, 어느 방향에서 가구 배치를 보는지와 상관없이 비슷하게 보여 안정적이다. 둥근 탁자는 둥근 조명과 가장 잘 어울린다.

병진 대칭

평행 이동이라고도 한다. 똑같은 도형이나 패턴이 간격을 두고 반복될 때 만들어지는 대칭(예: 가로수길, 벽지 경계, 체스판 무늬 바닥 또는 타일 벽의 패턴에 있는 대칭)이다.

전문가들은 불규칙한 인테리어 디자인에 질서를 부여하고 스타일을 조금 더 효과적으로 표현하기 위해 대칭적 구성을 사용한다. 조명, 쿠션, 촛대, 의자 등에서 발견되는 대칭은 보수적이고 우아한 인테리어 스타일에서 흔히 발견된다. 디테일이 풍부하고 자극이 많아 자칫 과해 보이는 디자인을 차분하게 만드는 데도 효과적이다.

비대칭과 불균형의 와비사비(Wabi Sabi)

서양 사람들이 균형을 맞추기 위해 대칭을 사용한다면, 아시아 문화는 정반대의 방식을 택한다. 많은 아시아 문화권에서 균형은 오히려 불규칙과 비대칭을 통해 제어된다. 그중에서도 와비사비는 일본의 미학과 디자인 개념으로, '진실함 속의 아름다움'이라 표현할 수 있겠다. 와비사비는 완벽하지 않은 상태를 추구한다. 성장에서 쇠락에 이르기까지 전체의 아름다움을 중요시하기 때문이다.

사실 불균형은 불교 종파 중 하나인 선종의 7가지 기본 원칙 중 하나인데, 비대칭 또는 불규칙을 의미하며, '비대칭적 균형'이라고도 한다. 다소 과하게 반짝이는 새 아파트처럼 직선적이고 흠 하나 없는 공간의 인테리어 디자인에 이 불완전성은 효과적일 수 있다. 대칭적이고 매끈한 가구, 동일한 패턴의 벽지는 직선적인 것은 더 직선적으로 보이게 하고 단단한 것은 더 단단하게 보이도록 한다.

반면 불규칙적인 요소들을 더하고, 자연적인 형태나 비대칭적인 패턴 이미지로 불완전성을 추가하면 완전히 다른 효과가 나난다. 불완전성은 시각적 효과를 뛰어넘어 심리적 효과까지 불러일으킨다. 조금 흠이 있고 색이 바랜 가구를 놓거나, 각기 다른 디자인의 가구를 조합하면, 다소 딱딱해 보이는 인테리어 디자인을 느슨하게 풀어주면서 편안한 분위기를 만들 수 있다.

실제 사례

불규칙 및 비대칭을 활용한 인테리어 사례들이다. 여기서 영감을 얻어 보도록 하자.

- 가공되지 않은 거친 느낌의 돌이나 나뭇가지처럼 불규칙한 요소가 있는 소품을 활용한다. 예를 들어 손으로 빚은 도자기, 공예품 등 불규칙한 형태의 소품들로 다양성을 더한다.
- 대리석이나 석회암과 같이 자연적으로 불규칙한 구조나 패턴이 있는 재료를 사용한다.
- 파일 길이가 긴 천연 소재의 카펫이나 불규칙한 패턴의 러그를 선택한다.
- 비대칭이고 유기적인 벽지 또는 직물 패턴을 떠올려보자. 그러니까 반복적이며 대칭적인 패턴의 반대이다.
- 붓질이 그대로 드러나는 그림이나 직접 그린 유화는 매끈한 디지털 프린트와 흥미진진하게 대비될 수 있다.
- 액자를 불규칙한 패턴으로 걸어 본다.

크기와 비율의 변주

아마추어들은 특히 크기와 비율의 문제에서 소심해진다. 그리고 이 소심함 때문에 실수가 이어진다. 같은 크기의 소파 쿠션이나 같은 높이의 플로어 램프와 화분으로 이루어진 조합은 그 어떤 역동과 재미도 만들어내지 못한다. 반복과 단조로움, 최악의 경우 뻣뻣하고 불편한 인상을 자아낼 뿐이다.

대부분의 집은 다른 집과 구분되는 세부적인 요소를 변화시키는 것만으로도 개선되곤 하는데, 그렇다고 너무 도전적이거나 대담할 필요까지는 없다. 집에 이미 있는 것들을 활용해 다시 배치하고, 비율을 조정하는 것만으로도 충분한 효과를 거둘 수 있다. 높은 것, 낮은 것, 넓은 것, 좁은 것, 큰 것, 작은 것을 염두에 두면 된다. 소파 쿠션 크기에 변화를 주도록 하자. 모든 쿠션을 50×50센티미터로 하는 대신 서로 다른 3가지 크기의 쿠션을 사용하자. 또 정말로 커다랗고 멋진 화분을 실내에 들여놓자. 다른 모든 식물과 대조를 이루는 크고 화려한 식물일수록 좋다. 예상치 못한 곳에 작은 그림을 걸어보는 것도 괜찮은 방법이다. 대담한 선택이라면, 그 선택이 아무리 작은 변화일지라도 전체적인 인상에 커다란 차이를 만든다.

계획된 여백

인테리어 디자인을 할 때 어떤 가구와 소품들로 공간을 채울까 스케치하는 것만큼이나 중요한 것이 '비움'에 대한 계획이다. 어디를 어떻게 비울 것인가? '계획된 여백'이라고 정의할 수 있는 이 공간은 가구나 사물이 차지하지 않는 바닥이나 벽면과 같이 어느 공간에서나 꼭 필요한 '빈 공간'을 말한다. 인테리어 디자인이 전체적으로 편안하게 느껴지도록 하려면 빈 공간에 대한 의식적인 계획을 세우는 것이 중요하다. 한 곡의 노래에도 다른 부분에 비해 차분한 소절이 있는 것처럼, 공간 디자인에도 피로감을 주거나 반대로 단조로운 느낌이 들지 않도록 적절한 비움과 전환이 필요하다.

아기자기하고 인상적인 소품들을 좋아한다고 하더라도 그러한 소품들로 공간 전체를 도배해서는 곤란하다. 여기서도 저기서도 눈에 띄는 것들이 가득하면 아름다워 보이기보다는 오히려 어지럽고 지루하게 느껴진다.

편안한 리듬감이 느껴지는 공간엔 반드시 빈 공간이 있다. 꼭 기억하도록 하자. 여러분의 집은 현재 어떤 모습인가? 혹시 비워야 더 나아지는 부분이 있지는 않은가? 구입을 계획하고 있는 아이템은 정말 꼭 필요한 것인가? 꼼꼼하게 따져보자.

실제 사례

- 충분히 비어 있는 공간이 있다면 액자를 단독으로 걸어보자. 값비싸지 않아도, 사이즈가 작아도, 주변에 여백을 두면 액자 속의 느낌이 증폭된다.
- 조각품이나 다른 장식품들은 무늬가 있는 벽지나 액자가 걸린 벽에서보다 단색의 빈 공간에서 효과적으로 드러난다.
- 거실이나 방, 부엌에 빛과 그림자가 자연스럽게 떨어지도록 연출하는 것은 계획된 여백의 공간을 응용하는 아주 세련된 방법이다. 미니멀리스트들이 주로 이 방법을 애용하는데, 그들은 아름다운 그림자나 빛이 바닥이나 빈 벽에 드리우도록 의식적으로 작업한다.
- 한 지점을 비워 놓고 그 공간을 중심으로 가구나 소품, 예를 들어 액자나 화분 등을 배치하는 것도 좋은 방법이다. 여유와 운율감을 동시에 자아낼 수 있다.

동선에 대한 고려

인테리어 디자인을 할 때 동선, 즉 움직임의 패턴을 그려보는 것도 전문가들이 빼놓지 않는 작업이다. 주로 어디에서 어디로 이동하는지, 어디에 머무는지, 혹시 통로가 좁아 이동하기 어렵지는 않은지, 여러 사람이 동시에 사용하는 공간은 어디인지 등을 고려한다.

동선을 그릴 때는 평면도가 있으면 큰 도움이 된다. 집 주인이나 부동산 중개인, 주택 공급 업체나 관리 사무소에 평면도 사본을 요청하자. 그리고 하루 동안 훌륭한 관찰자가 되어 여러분과 여러분의 가족이 주로 어떻게 움직이는지 지켜보고 그 동선을 그려보자. 어느 공간을 비워 두어야 하는지, 가

평면도에 일상의 움직임 패턴을 그려 보자. 주로 집의 어느 부분에서 이동 경로가 겹치는지 한눈에 알 수 있다.

DM 식기세척기
F 냉동고
K 냉장고
TT 건조기
TM 세탁기
ST 청소 도구 보관장
U/M 빌트인 오븐과 전자레인지가 장착된 수납장

60

구와 소품이 이동을 방해하지는 않는지, 좀 더 근본적인 설계상의 문제는 없는지, 이를 해결하려면 어떻게 인테리어 디자인을 계획해야 하는지 사전에 체크하도록 하자.

동선을 직접 그려보면 주의를 기울여야 할 공간이 어디인지를 빠르게 파악할 수 있다. 가구 배치도 효과적으로 할 수 있으며, 여기에 '유도'와 '우회'라는 감각적 디자인을 더한다면 동선을 스마트하게 재설계할 수도 있다. 물론 이동이 잦은 곳에 가구를 배치하거나, 동선을 가로질러 소파를 놓거나 TV를 두는 기본적인 실수도 미연에 방지할 수 있다. 의외로 많은 아마추어들이 사적인 공간과 개방적인 공간을 구분해 디자인을 하는 데 미숙한데, 이동 경로만 잘 체크해도 큰 실수를 줄일 수 있다.

매장의 경우, 출입구 바로 뒤에 있는 공간은, 고객이 매장 전체를 한눈에 훑고 어디로 향할지 잠시 멈춰 생각하고 다시 걸음을 시작하는 지점이다. 그래서 전문가들은 이 작은 공간에 별도의 이름을 붙여 '트랜지션 존(Transition Zone)'이라 부르곤 한다.

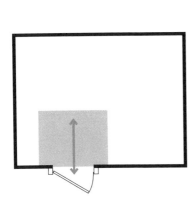

트랜지션 존: 어떤 공간으로 들어가 잠시 걸음을 멈추는 출입구 바로 안쪽 공간.

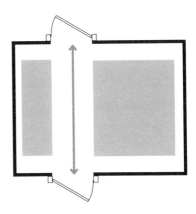

통로: 두 개 이상의 출입구는 공간을 여러 구역으로 나눌 수 있다.

그러한 공간을 집에서 찾는다면 아마도 현관, 방의 문이 열리고 닫히는 문간, 계단 입구, 복도가 시작되는 곳 정도일 것이다. 이곳들만 주의를 기울여 인테리어 디자인을 해도 사적인 공간을 보호할 수 있다. 자칫 그냥 지나가는 공간으로만 생각하기 쉬운데, 시선의 흐름과 동선을 어떻게 유도하느냐에 따라 여러 효과를 연출할 수 있다. 중문이나 방문의 설치를 고려해보는 것도 방법이겠지만, 조명이나 파티션 등 간단한 소품만 활용해도 충분히 시선과 발걸음을 유도할 수 있다.

집이 작다고 소홀하지 말자. 아무리 작은 공간이라 하더라도 이동 경로가 있다. 작은 방 한 칸에도 동선이 있고, 아주 작은 거실에도 시선의 흐름이 있다.

동선의 여러 가지 종류

전문가들은 이동 경로와 이동 빈도를 동시에 체크한다. 잠재적인 문제 공간을 미리 확인하고 상대적으로 좁은 공간이 어디인지를 파악하기 위해서다. 여기서 중요한 것은 '왜' 이동하는지를 생각해야 한다는 것이다. '왜'가 풀려야 문제가 해결되기 때문이다.

- **서비스 관련 이동**
택배 포장 풀기와 쓰레기 분리수거 같은 일상적인 일들을 처리하기 위해 집 안팎을 어떻게 돌아다니는가? 가구의 배치를 바꾸면 문제가 해결되는 협소한 구역이 있는가?

- **작업 관련 이동**
예를 들면 조리대와 식탁 사이, 레인지와 오븐 사이, 냉장고와 다용도실 사이, 세탁기와 건조대 사이에서처럼, 동시에 여러 작업을 하기 위해 어떻게 이동하는가? 동선이 최적으로 설계되어 있는가?

- **가족 이동**
하루 동안 여러 방 사이를 어떻게 이동하는가? 아침부터 저녁까지 가장 많은 시간을 어디에서 보내는가? 이동 중 다른 사람과 마주친 곳은 어디인가?

- **손님들의 이동**
손님들은 현관에서 부엌, 거실, 화장실 같은 공간으로 어떻게 이동하는가? 손님들의 이동 경로가 사적인 공간과 충돌하지는 않는가? 만약 그렇다면 이런 상황을 제어할 방법이 있는가?

아이소비스트

건축에서 아이소비스트(isovist)는 실내 특정 지점에서의 시야, 즉 가시성을 나타내는 용어다. 쉽게 말하자면, 얼마나 많이 또는 얼마나 적게 보이는지를 나타낸다고 할 수 있겠다. 생존의 측면에서, 주변 환경에 대한 정보를 파악하고 처리하는 일은 인간에게 늘 중요했다. 그렇기 때문에 우리는 한눈에 전체를 조망할 수 있는 장소를 본능적으로 알아내고, 다른 한편으로는 가시성은 떨어져도 은신처로 삼기에 좋은 안전한 장소를 찾아내는 능력도 탁월하다.

스웨덴의 신경과학자 카타리나 고스피치(Katarina Gospic)와 뉴로디자인 디자이너 이사벨 세발(Isabelle Sjövall)은 특히 방과 같은 공간을 인테리어 디자인할 때는 '보호'라는 개념을 꼭 머릿속에 두어야 한다고 강조한다. 진화의 관점에서 보자면, 방은 은신처, 일종의 '보호받는 구역'이기 때문이다. 출입구 쪽으로 등을 노출하고 앉도록 책상을 배치한 사무실이나, 머리 방향이 문 쪽을 향하도록 침대를 놓은 방이 드문 것도 이러한 본능 때문이다.

오늘날의 주거 환경에서 아이소비스트 이론을 100퍼센트 적용하기는 어렵다. 하지만 적어도 소파나 식탁 좌석이 출입구나 통로를 향하지 않도록 노력할 수는 있을 것이다. 또한 가구와 조명은 그 배치에 따라 공간을 분리하는 역할을 충분히 수행한다. 스튜디오 스타일의 탁 트인 공간도, 조금만 신경을 쓰면 전망과 아늑함을 동시에 만족시키는 공간으로 연출할 수 있다. 높이가 낮은 책장이나 화분 같은 가구나 소품을 사용해 구석구석을 구성하면, 열려 있으면서도 닫혀 있는 것과 같은 효과를 낼 수 있다.

2:8 수납의 원칙

내 블로그 독자들에게 이 책에서 다루었으면 하는 주제를 제안해 달라고 요청했을 때, 수납에 관한 내용들이 단연 많았다. 수납 전문가 웨이루(Wei Lu)의 '2:8 원칙'을 소개하고 싶다. 물건의 80퍼센트를 숨기고 20퍼센트만 보이게 두면 집의 시각적 소음을 줄일 수 있다는 원리다. 80퍼센트나 숨겨야 한다니, 누군가에겐 극단적인 해결책처럼 보이기도 하겠지만, 이 원리를 따라하다 보면 도무지 정리가 힘들 것 같은 수납이 어느새 해결이 되어가는 느낌을 받는다. 그리고 더욱 다행스러운 것은 숨겨야 할 것이 절대적인 80퍼센트가 아니라 시각적인 80퍼센트라는 사실이다.

DM 식기세척기
F 냉동고
K 냉장고
TT 건조기
TM 세탁기
ST 청소 도구 보관장
U/M 빌트인 오븐과 전자레인지가 장착된 수납장

일단 수납이 가능한 곳을 평면도에 표시하도록 하자. 그리고 그 공간이 폐쇄형인지, 아니면 개방형일 수밖에 없는 공간인지 분류하자. 수납 공간이 집 전체에 고르게 분배되어 있는지, 아니면 어딘가에 치우쳐 불균형이 있는지 명확하게 보여줄 것이다. 두 가지 색 펜을 사용하자. 하나는 열린 수납을 다른 하나는 숨겨진 수납을 표시한다. 이렇게 색깔을 구분하면, 공간 자체의 문제인지 아니면 닫힌 수납과 열린 수납의 분배가 잘못된 것인지 쉽게 보여줄 것이다.

오히려 이동이 잦은 곳과 인접해 수납공간을 배치하는 것도 전략적인 방법이다. 눈길보다는 발길을 더 많이 두는 곳이기 때문이다. 시선이 향하는 방향에는 되도록 수납 공간은 피하는 편이 좋다. 창이 있는 쪽보다는 없는 쪽에 수납 공간을 두는 편이 나은 것과 마찬가지 원리다. 수납 역시 시각과 관련된 작업임을 잊지 말자.

"인간은 적절한 정도로 뇌를 자극하는 환경을 좋아한다."

_ 카타리나 고스피치(Katarina Gospic, 신경과학자)

방위

집을 인테리어 디자인할 때 방이 어느 방향에 있는지를 염두에 두면 생각보다 큰 도움이 된다. 건축가는 실내에 빛이 어떻게 들어오는지에 근거해 건물을 설계한다. 건물이 들어설 부지를 선정할 때도 방위를 고려한다. 이사할 집을 선택할 때도 방위를 꼭 따져봐야 한다. 때로는 주변 건축물이나 지대의 높이에도 영향을 받지만, 기본적으로 동향, 서향, 남향, 북향의 공간에는 각각의 장단점이 있어서 방위를 잘 활용하면 집의 편안함을 최대한 끌어올릴 수 있다. 지금부터 여러분이 나와 같이 북반구에 살고 있다고 가정하고 설명하겠다.

예를 들어, 시원한 잠자리를 좋아한다면 오후에 해가 들어와서 더운 서쪽에 침실을 두는 것은 어리석은 일이다. 아침에 피곤해서 제때 일어나지 못한다면, 아침 햇빛에 잠이 깰 수 있도록 동쪽으로 침실을 두는 것이 좋다. 주위 환경과 인접한 건물 역시 햇빛이 얼마나 많이 집에 들어오는지에 영향을 미친다. 인근의 고층 아파트나 대형 건물이 드리우는 그림자가 어떤지 세심하게 체크하도록 하자.

북쪽

대개 집에서 가장 어둡고 시원한 곳이다. 아주 이른 아침에만 해가 있을 것이다. 빛을 어떻게 하면 충분히 들일 것인지가 이 공간을 디자인하는 핵심이 될 확률이 높다. 그래서 북향 방에는 좋은 조명이 특별히 중요하다. 그리고 북향 방의 일광은 더 서늘해서 시원한 색이 더욱 강조되고, 흰색 벽은 파란색이나 분홍색 기운을 띠게 된다.

동쪽

아침과 오전에 햇빛이 있다. 자칫 여름에는 덥고 겨울에는 추울 수 있다.

남쪽

대개 일조 시간이 가장 길다. 때로는 해가 아주 강하다. 주름이 풍성한 커튼이나 베니션 블라인드, 롤러 블라인드(롤스크린) 또는 차양 같은 것들로 햇빛 차단에 신경을 써야 한다. 그늘을 만들고, 실내의 열을 낮추고, 가구나 바닥의 탈색을 방지하는 데 주의를 기울이자. 옷방을 굳이 남향에 둘 필요는 없다. 남향 방은 대개 북향 방보다 밝게 느껴진다.

서쪽

집의 서쪽 면은 날씨의 영향을 가장 많이 받는다. 오후와 저녁의 강렬하고 긴 일광 때문이다. 이는 가구나 바닥재의 내구력에 영향을 미친다. 주택이라면 이쪽 외벽과 창을 가리는 나무와 덤불을 심는 것도 좋은 방법이다. 서쪽으로 큰 창이 있다면 창 쪽으로 커다란 화분을 두는 것도 좋다. 서향 침실이라면 암막 커튼을 권하고 싶다.

조화를 위한
생각 도구

멋진 인테리어 디자인은 각 공간과 구성 요소들이 조화를 이룬다. 모든 요소가 서로 완벽하게 맞아떨어질 필요는 없다. 하지만 대개 누군가 신중하게 인테리어 디자인을 한 집에서 그러한 느낌이 든다는 것만은 명백하다. 어떤 사람들은 조화를 이루는 방법과 원리를 본능적으로 찾아내지만, 어떤 사람들에겐 약간의 도움이 필요하다. 여기에 '아름다운 전체'를 이루기 위한 전문가들의 생각 도구와 조언을 모았다.

시선과 축성

건축가들은 주택을 설계하고 내부 디자인을 할 때 종종 '앙필라드(enfilade, 여러 개의 방을 일직선으로 두고 방문을 병렬로 배치하여 시야를 트이게 하는 건축 양식)' 또는 '시선 (sightlines)'이라는 용어를 사용하는데, 이는 공간과 부피감에 관련된 개념이다. 오늘날의 집에서는 대부분 하나 이상의 공간이 한눈에 들어온다. 예를 들어 거실을 보지만 부엌도 시야에 들어오고, 현관 옆 화장실도 한번에 보인다. 건축가들은 집이 편안하게 느껴지기 위한 중요한 요소로서 '축성(axiality)' 을 연구해왔다. 축은 두 점 사이, 두 개 이상의 공간을 통과하는 가상의 선으로, 바라보는 사람이 이 둘을 더 큰 집합체로 느끼게 한다. 그래서 서로 인접한 공간의 인테리어 디자인이 조화로우면 전체적인 느낌이 더욱 좋아지는 것이다. 즉 인테리어 디자인을 할 때는 하나의 영역만 볼 게 아니라, 때로는 줌인(zoom in)보다는 줌아웃(zoom out)해서 전체를 볼 줄 알아야 한다.

또한 집에서 우리는 대개 한 공간을 지나거나 통과해 다른 공간에 이르고, 다른 공간으로 들어서면서 먼저 있던 공간의 인상을 가지고 올 수밖에 없다. 이때 역시 우리의 감각은 전체적인 조화의 영향을 받는다.

동시에 어떤 공간들이 눈에 들어오는가? 평면도나 인테리어 디자인을 위한 스케치에 시선을 그려 보자. 조화로운 전체를 만들어내기 위해 특히 어떤 공간들을 어울리게 디자인해야 하는지 알 수 있을 것이다.

빨간 실

그리스 신화에서 테세우스는 아리아드네에게 받은 빨간 실을 따라 미노타우로스의 미로에서 빠져나왔다. 누군가가 연설이나 강의를 하다가 갈피를 잡지 못할 때 스칸디나비아 사람들은 종종 "실을 놓쳐버렸군."이라고 말한다. 인테리어 디자이너와 스타일리스트는 마치 가상의 종이테이프로 집을 꿰는 것처럼, 여러 공간 간의 일관성을 만들어내기 위해 하나의 테마로 전체를 디자인하기도 한다.

이름이 가리키듯이 빨간 실은 실제로 하나의 색상이 될 수도 있다. 물론 빨강이어야 할 필요는 없으며 파랑, 녹색 또는 어떤 색이든 가능하다. 또한 되풀이되는 소재나 형태일 수도 있고, 방과 방, 혹은 물품과 물품 사이를 시각적으로 이어주는 미묘한 단서들일 수도 있다.

반복

인테리어 디자이너가 통합된 구조를 만들어내기 위해 가장 손쉽게 사용하는 방법이다. 여러 장소에서 유사한 요소를 반복해서 사용하면 내부가 좀 더 결속되는 느낌이 든다. 특정한 색, 모양, 질감, 선 또는 기타 디테일이나 소품이 여러 곳에서 반복되면 하나의 인상이 만들어진다. 특히 반복은 체계적인 아름다움을 만들어내기 때문에 맥시멀리즘을 좋아하는 사람들에게 매우 효과적이다.

단계적 증가

음악 경연 프로그램에 참가한 가수들은 청중의 귀를 사로잡기 위해 흔히 같은 멜로디를 옥타브를 높여 가며 부른다. 감정을 증폭하기 위해서다. 이와 같은 방식이 인테리어 디자인에도 적용된다. 테이블 위에 한 줄로 늘어선 촛대의 크기를 점점 크게 하거나, 연한 색에서 진한 색으로 소품을 배치하는 식으로 크기나 강도를 변화시키는 것이다.

와우, 아하, 다리 놓기

새로운 지식을 알게 되고 경험을 통해 무엇인가를 새로 깨닫게 되는, 일종의 인지 과정을 인테리어 디자인에 적용할 수도 있다. 빨간 실을 만들어내는 좀 더 세련된 방법이자, 고수들의 수법이다. 놀람(와우!)이라는 감정과 깨달음(아하!)이라는 인식을 응용하는 것이다. 앞서 말한 집의 트랜지션 존(현관, 거실 입구, 부엌 입구, 복도의 시작)에서 시작해보자. 여기에서 시선이 미치는 곳 중 적어도 세 곳에 빨간 실이 되풀이되도록 디자인한다. 만일 시선의 양 끝점 사이의 선을 따라 작업을 한다면, 가장 먼저 보이는 것에서 놀람(와우!)이 일어나도록 하자. 그런 다음 저 끝에서 희미하게 보이는 것은 깨달음(아하!)을 줄 수 있으면 된다. 그리고 그 둘 사이를 미묘하게 연결(다리 놓기)하면 된다.

사례를 들어보겠다. 방문을 연 후 첫 번째 인상은 벽과 천장의 아름다운 녹색이다. 이때 즉흥적인 인상은 다음과 같다. "와우, 정말 색깔이 멋지군!" 그런 다음 맞은편 벽 한가운데 걸려 있는, 아름다운 녹색 톤의 그림으로 시선이 이동한다. "아하!" 액자 속 그림을 보며 집주인이 그 멋진 색을 어디에서 가져왔는지를 깨닫게 되는 것이다. 그림이라는 아름다운 색 팔레트는 벽과 천장뿐만 아니라 다리들(연녹색 전등갓이 달린 펜던트 조명등, 그림 속 배색과 유사한 컬러의 직물과 쿠션)에서도 반복된다. 이 방을 본 사람은 이미 머릿속에서 '녹색 실'을 따라가고 있다!

인테리어 디자인을 할 때 함께 묶을 수 있는 항목

- 공통의 색 또는 일관성이 있는 색 팔레트
- 반복되는 동일 소재
- 같은 품종의 목재
- 예술 작품, 취미나 관심사가 반영된 소품 또는 테마
- 특정 양식이나 시대
- 특정한 디자이너 또는 스타일

집의 역사를 간과하지 말 것!

인테리어 디자이너들은 한결같이, 집을 개조하거나 보수하면서 그 소재나 가구를 선택할 때 집이 지어진 연도를 염두에 두는 것이 중요하다고 힘주어 말한다. 건축 당시의 양식과 스타일을 놓치고서 전체적인 조화를 이루기는 힘들기 때문이다.

이는 마치 패션 스타일링과 비슷하다. 예쁜 옷을 고르는 것뿐 아니라 자신의 체형에 맞는지도 따져봐야 하는 것이다.

주택의 외부와 내부를 개별 구성 단위로 여겨서는 곤란하다. 세부적인 인테리어 디자인이라 할지라도 집의 전체를 파악하는 것에서 출발해야 한다. 집의 양식을 흐트러뜨리는 것은 대단한 모험이다. 건물의 역사를 고려하는 일은 '빨간 실'을 만들어줄 뿐만 아니라, 가구, 소재, 소품의 선택에 훌륭한 영감을 제공한다. 단독주택에 살든 아파트에 살든 상관없이, 집이 지어진 시기에 대한 탐구는 빨간 실을 찾아내는 매우 효과적인 방법이다.

집의 역사를 반영하는 인테리어 디자인을 하고 싶지만, 집을 타임캡슐처럼 바꾸고 싶지는 않고, 대대적인 보존 작업을 하는 것도 원치 않는다면, 지나온 시간을 꿰뚫는 몇 가지 디테일이나 소품에 집중하는 것만으로도 충분한 효과를 끌어낼 수 있다. 디테일이나 소품에서 비롯된 아이디어를 재해석하여 현재의 생활에 통합하는 것이다.

건축가처럼 생각하기

테라스 하우스로 이사했을 때, 나는 미처 내가 살게 될 집의 역사적 기원을 고려하지 못했다. 세세한 디자인과 씨름하느라 너무 바빴기 때문이다. 그러던 어느 날, 이 지역의 설계 계획을 발견하게 됐는데, 마치 보물상자를 열어보는 것 같았다! 당시 건축가가 어떻게 생각했으며, 어디에서 영감을 받았고, 왜 일정한 요소들이 반복되었는지 알 수 있었기 때문이다.

그 자료를 정독한 후, 1930년대의 기능주의가, 완공 당시에 농담조로 '흰 둥지(white nesting boxes)'라고 불리던 타운의 모델이 되었다는 사실을 알게 되었다. 물론 이전에 '기능주의'에 관해 들어본 적은 있었지만, 건축사에 그리 관심이 없었기 때문에, 그 발상의 바탕이 되는 내용까지는 알지 못했다.

난 곧장 호기심이 발동했고, 그 시대에 관해 더 많은 책을 읽기 시작했다. 그러던 어느 날 그동안 의아했던 사항들이 갑자기 이해되기 시작했고, 집의 이곳저곳에서 새로운 의미를 발견하게 되었다. 둥근 창, 경사진 지붕, 대형 유리창, 창턱 밑에 있는 기다란 의자…. 그렇다. 어떤 아이디어가 기능주의의 현대적 해석의 배후에 있었는지 이해한 후에는, 심지어 문고리 하나에서도 깊은 의미를 발견할 수 있었다. 자연과의 교감, 채광의 중요성, 실용적인 해결책과 단순한 삶…. 게다가 그것은 내가 추구하던 가치들이었다. 그때부터는 내가 이 집에서 살기 위해 무엇을 고치고 무엇을 남겨야 할지 알아내기가 더 쉬워졌다.

나는 2006~2007년에 지어진 나의 집에 오래된 1930년대 스타일을 가져오기로 결정했다. 그것이 건축가의 생각이 가 닿은 곳이라는 것을 알게 되었기 때문이다. 그래서 당시 온갖 잡지와 디지털 미디어에서 유행했던 스타일을 버리고, 평범한 찬장 문을 갖춘 흰색 부엌을 선택했다.

지금 살고 있는 집의 역사를 공부해보기를 권한다. 독특하지 않더라도 그러한 양식과 스타일이 지배적이었던 이유에 대해 살펴보길 바란다. 특히 건축가가 영감을 받았던 시대를 조금 더 알게 된다면, 집을 더 멋지게 꾸밀 수 있는 아이디어들이 새록새록 생겨날 것이다.

역사에서 영감 가져오기

건축물에서 영감을 얻어 건축가의 눈으로 집을 들여다보며 인테리어 디자인 작업을 하면, 그 과정이 쉬워질 뿐만 아니라 더 재미있기도 하다. 하지만 건축사에 정통하지 않거나 디자인의 역사에 관해 알지 못한다면, 어떻게 이런 실마리들을 찾을 수 있는지 알기 쉽지 않다.

그래서 다음 페이지부터 건축의 역사를 소개하고자 한다. 철저한 역사 서술은 아니다. 1900년대 이후부터 10년을 단위로 스웨덴 주택에서 흔하게 나타나는 요소와 특징을 정리했다. 물론 10년이라는 경계를 정확히 긋기는 어렵다. 일부 설명은 단독주택보다는 아파트에 적용되기도 한다. 하지만 내 집의 역사를 알아봐야겠다는 계기가 되기엔 충분하다고 생각한다. 물론 지금 살고 있는 집과 비슷한 양식과 스타일을 찾을 수도 있다. 한 시대의 연출법을 전체적으로 차용하는 데도 도움이 될 것이다. 건축 양식은 나라마다 다르지만 역사에서 영감을 얻는다는 관점에 초점을 맞춰 읽어보길 바란다.

1900년대
유겐트 양식

외부

- **파사드:** 밝고 연한 베이지색 계열의 플라스터(plaster) 마 감. 거칠거나 매끈한 마감이 동시에 유행.
- **지붕:** 모임지붕 형태. 상부 경사가 완만한 망사르드 지붕 (대개 다락방이 만들어지며, 경사가 급한 아래쪽에 경사가 급한 위쪽 지붕이 연결되는 2단 구성이다). 돌출부가 하나인 빨간 점토 기와.
- **창:** 창 전체에서 하부를 열고 닫는 모양. 소형 가로대가 창 을 수평으로 칸칸이 나눈다. 이른바 '황소의 눈'이라는 타 원형 창문. 스테인드글라스.
- **현관문:** 가로대가 있게 작은 유리를 끼운 현관문.
- **세부사항:** 발코니와 퇴창. 둥근 창 모양, 박공창, 지붕창과 프론티스피스(frontispieces, 건물의 주요 문, 주로 전면의 문을 장식하는 여러 요소들의 조합을 일컫는다).

내부

- **바닥:** 오크 쪽모이 세공 바닥. 리놀륨 매트(코르크 매트) 유 행. 바닥은 광택이 있는 경우가 흔했다. 소나무 바닥재.
- **방문:** 거울이 달린 패널도어. 쌍여닫이문.
- **문손잡이:** 고정판 덮개가 있는 유선형 손잡이. 원형 또는 직사각형 암쇠가 달린 견고한 놋쇠 손잡이.
- **난로:** 밝고 매끄러운 타일 벽난로. 가끔은 단순한 장식. 잎 과 꽃 모양 장식.
- **벽지:** 물결 모양의 가는 선과 식물 모티브. 천장 몰딩 아래 가장자리에 장식 벽지를 쓰는 것이 보통이었음. 침착한 색조.
- **가구:** 대개 오크에 과일 조각 장식. 의자의 등받이가 높았 음. 의자와 탁자 다리에는 양파 모양의 장식 유행.
- **조명:** 등유 램프는 전기 조명이 대중화되기 전에 가장 흔 했던 광원. 전기 조명의 사용 여부는 아마도 경제 수준과 사회 계층에 달렸을 것.
- **욕실:** 새의 발톱 또는 사자 발 형태의 발이 달린 독립형 주 철 욕조. 바닥은 대개 대리석 또는 석회석(클링커). 벽의 하 단은 타일, 상단은 아마인유 도료를 바른 패널.
- **부엌:** 회색 또는 베이지색 아마인유 도료를 바른 주방 가 구와 이른바 자작나무 결 모양 도색이 인기. 조리대에는 아연 또는 대리석으로 된 상판. 원목 그대로인 목판이나 기름 먹인 목재 역시 등장. 부엌의 벽은 대개 매끄러운 플 라스터나 홈이 파인 패널로 마감. 까치발 선반을 달았다.

1910년대
민족낭만주의

외부

- **파사드:** 수평 또는 수직 목재 패널. 타르나 칼시민 (calcimine, 물에 개서 쓰는, 흰색 또는 아연 빛깔의 칠. 주로 벽이나 천장 등 석고 벽을 칠할 때 쓴다) 같은 도료로 칠한 짙은 파사드. 붉은 파사드도 흔했다. 코너와 몰딩은 흰색.
- **지붕:** 가파른 지붕에 때로는 S자 형태의 팬타일 기와를 얹음. 지붕창도 유행.
- **창:** 창틀에 중간대를 두었다. 창틀이 눈에 띄는 편. 비막이 판자. 가로대로 창유리가 작게 나누어진 창. 흰색, 갈색 또는 녹색으로 칠했다.
- **현관문:** 아마인유 도료를 칠하고 유리를 끼운 나무 현관문.
- **세부사항:** 고대 북유럽 신화, 바이킹 시대 그리고 무엇보다도 스웨덴의 붉은 오두막에서 영감을 받았다. 베란다나 박공널에 무늬를 새겼는데, 소용돌이무늬나 그밖에 단순한 무늬가 주를 이뤘다. 창의 덧문, 현관에서도 볼 수 있다. 하트나 해 모양도 종종 눈에 띄었다.

내부

- **바닥:** 은촉붙임(Tongue and groove) 판자로 시공한 널마루 바닥. 바니시 마감 혹은 리놀륨 매트 마감.
- **방문:** 단순하고 특징적인 무늬의 패널도어.
- **문손잡이:** 견고한 놋쇠 또는 크롬 도금 강철.
- **난로:** 꽃문양 또는 고대 북유럽 무늬가 그려진 타일 벽난로. 옅은 녹색 또는 파란색 타일로 만든 단색 벽난로도 등장했다. 윗부분이 위로 갈수록 좁아지는 상자 모양의 타일 벽난로는 새로운 스타일이었다. 불가에 둘러앉던 고대 공동체를 연상시키는 전면 개방형 대형 벽돌 난로가 인기.
- **벽지:** 고블랭 태피스트리 벽지와 도색 패널 마감. 벽지 무늬는 전 시대와 유사했으나 더 절제되었다.
- **가구:** 붙박이 가구와 벤치 의자. 전통적인 색상.
- **조명:** 투명 유리나 간유리 소재 전등갓. 전등갓이 넓은 펜던트 조명.
- **욕실:** 세면대, 화장대와 욕조가 설치된 화장실. 벽에는 석회 플라스터를 사용했고, 아마인유 도료로 여러 겹 칠했다. 바닥부터 약 1.5미터 높이까지 타일 마감을 했다. 더 간소한 주택에는 세면용 물 주전자와 세면기, 목욕통이 있었다.
- **부엌:** 부엌 찬장은 자주 코발트 녹색 또는 전통적인 색상으로 칠했다. 찬장에는 단순한 자물쇠가 있었다. 타일 사이에 난 틈은 백토, 안료, 물을 혼합해 메웠고, 나중에는 흰색 줄눈으로 메웠다. 일반적인 주택에는 부엌에 난방과 조리용 장작 풍로, 기구와 도구를 정리하기 위한 선반과 고리가 있었다.

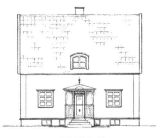

1920년대
노르딕 클래식

외부

- **파사드:** 목재 또는 플라스터로 마감한 대칭 파사드. 벽면에 각주를 부조한 필라스터. 원형 양각, 꽃·잎·리본 등을 길게 이은 장식, 이빨 모양 장식이 곁들여졌다.
- **지붕:** 45도 경사. 돌출부가 있는 점토 기와. 작은 지붕창과 처마가 있다.
- **창:** 1층의 높은 창은 세 장의 판유리, 2층의 낮은 창은 두 장의 판유리로 구성됨. 반원형 채광창.
- **현관문:** 현관을 덮는 작은 지붕을 브래킷이 지탱하고 있는 모양새다. 바닥이 시멘트로 마감된 개방형 현관으로 머리 위로는 전등이 달려 있다.
- **세부사항:** 발코니의 난간과 기둥이 나무로 되어 있다. 차한 잔 할 수 있는 공간 배치와 디자인. 고가 주택에는 격자 천장이 일반적. 차고가 더 흔해지기 시작했다.

내부

- **바닥:** 바니시 마감이나 아마씨 비누로 마감을 한, 폭이 좁은 소나무 또는 전나무 널빤지 마루. 리놀륨을 깔기도 함. 헤링본무늬를 넣은 쪽모이 세공 마루.
- **방문:** 같은 크기의 패널 세 개로 만든 나무 문.
- **문손잡이:** 크롬 도금 강철로 된 암쇠가 있으며 검정 착색 나무 슬리브를 씌운 손잡이.
- **난로:** 중앙난방 도입. 대리석으로 된 선반(맨틀피스)이 달린 직선 디자인의 개방형 벽난로.
- **벽지:** 선, 원과 계단 모양 또는 동양에서 영감을 받은 장식과 꽃. 벽지와 직물은 탁하고 차분한 색.
- **가구:** 스웨디시 그레이스(Swedish Grace, 스웨덴 민족낭만주의의 별칭). 단순한 선. 자작나무와 느릅나무 등.
- **조명:** 1922년 스톡홀름 시민의 80퍼센트가 전기 조명 사용. 펜던트 조명등 외에 탁자 조명등과 플로어 조명등 역시 흔해졌다.
- **욕실:** 주택에 수세식 화장실과 욕실이 설치되기 시작. 종종 분리된 형태로 설치. 독립형 욕조는 디자인이 단순했다. 벽과 바닥은 타일 시공. 흰색 타일이 인기를 얻었으나 색(짙은 빨강, 짙은 파랑 또는 녹색)이 들어간 타일 역시 등장했다. 배관은 외부로 나와 있었고, 변기 물탱크는 높이 올라가 있었다.
- **주방:** 광택이 나는 아마인유 색상의 밝은 부엌(베이지색 또는 담황색)이 인기. 벽에 고정된 찬장 개념이 도입되었다. 벽의 타일은 자주 줄눈 없이 가장자리가 서로 꼭 맞게 시공되었다.

1930년대
기능주의/모더니즘

외부

- **파사드:** 큐브 형태의 외관. 밝은색 플라스터나 얇은 수직 패널로 마감.
- **지붕:** 평면 지붕, 때로는 판금 또는 구리 소재.
- **창:** 긴 리본 윈도(건물 벽면을 띠 모양으로 가로지른 일련의 창문), 폭이 좁은 문틀, 문틀과 가로대가 없는 큰 창. 이전과는 달리 수평 강조. 채광을 높이기 위해 건물 모서리 부분의 창도 등장.
- **현관문:** 둥근 유리창이 달린 나무문.
- **세부사항:** 집의 위치를 잡는 데 일조량이 중요한 고려 요소, 골이 진 합석을 사용한 앞면과 바닥 패널이 드러나는 곡선형 발코니. 건물의 선이 강조되는 경향.

내부

- **바닥:** 다양한 무늬의 쪽모이 세공 나무 바닥, 은촉물림 나무 바닥과 리놀륨 매트.
- **방문:** 미닫이 방식의 플러시도어. 메이소나이트(Masonite, 한쪽 면이 매끄러운 합성 강화목)가 인기.
- **문 손잡이:** 검정 베이클라이트(플라스틱의 일종), 나무 또는 크롬.
- **난로:** 벽돌로 되어 있고, 광택이 나며 살짝 둥근 스타일.
- **벽지/벽:** 매끄러운 내벽과 밝은 벽지 또는 멀리서 보면 거칠게 플라스터 마감한 벽을 닮은 뮤럴 벽지. 내벽과 목공품류는 색이 밝지만 완전히 흰색인 경우는 드물다. 너무 밝지 않은 파스텔색 선호.
- **가구:** 금속관으로 만든 바우하우스(Bauhaus) 스타일의 가구. 각이 진 형태. 베이클라이트, 크롬, 스테인리스 스틸, 스테인드글라스.
- **욕실:** 오늘날의 시설이 대부분이 갖춰짐. 돌출 배관. 벽에는 대개 매끄러운 흰색 타일이나 도색 합판을 붙였고, 바닥은 체스판 무늬. 물탱크가 낮게 달린 변기의 등장.
- **부엌:** 모서리를 살짝 둥글린 찬장 문. 문 두께의 약 1/3만 밖에서 보이도록 문 뒷면을 안으로 들어가게 만들어 가볍고 얇은 느낌. 코끼리 코 모양 빗장, 단순한 모양의 둥근 손잡이와 판금으로 된 서랍 손잡이. 상단 찬장은 천장까지 올라갔으나 미닫이 문이 달린 하단 찬장으로 보완. 유리로 된 식품 보관 용기, 실용적인 서랍형 양념통이 인기 있었다. 환기창을 따로 두었다.

1940년대
민중의 집* 기능주의

외부

- **파사드:** 수직 나무 패널과 플라스터의 혼합. 종종 노란색이나 연회색, 녹색으로 칠했다.
- **지붕:** 경사가 20도인 평평한 박공 지붕.
- **창문:** 나무 창틀이 있는 양문형 여닫이 창.
- **현관문:** 판유리를 끼운 패널도어.
- **세부사항:** 목재로 만든 정면과 바닥 패널이 드러나는 발코니.

내부

- **바닥:** 전나무, 오크 또는 너도밤나무 쪽모이 세공 바닥. 단색 리놀륨 매트 또는 체스판 무늬 비닐 타일.
- **방문:** 합판을 덧댄 플러시도어.
- **문 손잡이:** 흰색 플라스틱 또는 나무 슬리브를 씌운 강철 손잡이. 크롬 도금이 된 열쇠구멍이 달린 암쇠.
- **벽지:** 은은한 파스텔 색상의 자연 무늬.
- **가구:** 스웨디시 모던. 밝은색 곡목가구(등나무, 너도밤나무 따위의 목재나 덩굴나무를 삶거나 쪄서 구부려 만든 가구). 압착 합판, 유리 섬유, 느릅나무와 자작나무. 은은한 색상.
- **욕실:** 흰색 위생도기, 대개 독립형 욕조였으나 점차 이런 욕조들이 빌트인 설치되기 시작. 벽은 유광 타일. 구스타브스베리(Gustavsberg, 1826년에 설립된 스웨덴 도자기 제작 회사)의 냉온수 혼합형 수도꼭지가 냉온수 분리형 수도꼭지를 대체.
- **부엌:** 주문 생산식 부엌 가구는 보다 경제적인 기성품에 밀려 도태되기 시작했다. 메이소나이트로 된 미닫이문이 달린 찬장이 도입되었으며, 찬장 문은 핀 모양 힌지에 매달려 있었다. 1940년대 스웨덴에서는 부엌의 대규모 표준화가 이루어졌으며, 새로 지어진 부엌은 더 인체 측정학적으로 디자인되었다.

---

* 사회민주당의 스웨덴 복지 체제 구축에서 중요한 역할을 한 정치 개념이자 사회민주당의 장기 집권 기간인 1932년부터 1976년 사이의 긴 시기를 뜻함.

1950년대
전후시대

외부

- **파사드:** 단층 벽돌집.
- **지붕:** 팬타일 기와를 얹은 단순한 박공 지붕.
- **창:** 사각 회전창. 다양한 창 크기 (거실에는 대형 창).
- **현관문:** 홈이 파인 티크 현관문.
- **세부사항:** 지붕 높이가 다른 건물들이 횡으로 결합. 창문과 출입문 둘레에는 벽돌을 쌓아 장식했다. 패턴이 있는 단조 난간.

내부

- **바닥:** 사교 공간엔 격자무늬 오크 쪽모이 세공, 헤링본 무늬 쪽모이 세공, 코르크 쪽모이 세공, 코르크 리놀륨 바닥. 입구와 외투 보관실의 경우는 자연석.
- **방문:** 티크, 오쿠메나무 소재의 이국적인 문.
- **문손잡이:** 마호가니 슬리브를 씌운 스테인리스 스틸 손잡이. 줄무늬 상아색 플라스틱 슬리브 등장. 스테인리스 스틸로 된 암쇠.
- **난로:** 아치형 덮개가 달린 붙박이 벽난로.
- **벽지:** 기하학적 무늬와 강한 대비.
- **가구:** 스칸디나비아 디자인. 대표적인 가구는 스트링 책장(스웨덴 디자이너 닐스 스트린닝(Nils Strinning)이 만든 모듈 책장 시스템), 나비 의자(1938년 아르헨티나에서 금속 프레임과 가죽으로 디자인된 의자), 사이드 테이블, 책상, 화장대, 침대 협탁, 서랍장. 티크가 인기를 끌었음. 비닐, 크롬 도금, 스테인리스 스틸. 도자기 장식. 커튼 박스.
- **조명:** 티크나 황동 소재의 조명등. 전등갓은 주로 직물이나 플라스틱, 도장된 금속 등으로 만들어졌다. 밝은 색과 선명한 파스텔 색상.
- **욕실:** 격자무늬 화장실 바닥. 유색 도기(녹색, 청록색). 회전 거울 문이 달린 수납장. 벽, 비탁 및 빌트인 욕조에 모자이크 장식. 배수관을 가리는 세면대 아래 기둥의 보편화.
- **부엌:** 골조와 해치에 신소재를 사용. 더 단단해지고 더 각지게 되었다. 앞쪽으로 기울어지듯 설치된 상부장. 부엌 작업대의 높이는 지금보다 낮았다. 티크로 된 손잡이. 선명한 파스텔 색상 또는 전체적으로 티크 베니어를 사용한 설비. 합판으로 된 조리대 상판의 클래식인 비르바르(Virrvarr)는 1958년에 생산되기 시작했다.

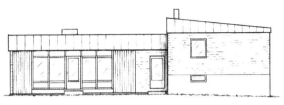

1960년대
최고 호황기

외부

- **파사드:** 벽돌, 플라스터, 회색 줄눈이 들어간 석회사암 벽돌.
- **지붕:** 검정 콘크리트 팬타일 기와를 얹은 25도 경사의 박공 지붕. 달개지붕과 판금.
- **창:** 창선반(밑틀)이 낮은 긴 창. 두 개의 조명등. 페인트를 칠한 나무로 된 양문형 여닫이 창.
- **현관문:** 홈이 파인 티크 현관문. 현관문 옆 벽면에 유리.
- **세부사항:** 단층 단독주택은 여전히 흔했다. 복토 주택도 있었다. 빛을 들이기 위한 벽면 유리블록 시공이 흔했다.

내부

- **바닥:** 바닥 전체를 덮는 카펫과 장판. 복도에는 석회암과 자연석.
- **방문:** 문짝에 무늬 있는 유리가 자주 사용되었다.
- **문손잡이:** 흰색, 검정 또는 회색 플라스틱 슬리브를 씌운 스테인리스 스틸 손잡이. 별도의 암쇠.
- **난로:** 벽돌을 쌓아 만든 난로.
- **벽지:** 해초나 우븐 패턴 벽지.
- **가구:** 티크 또는 마호가니 가구. 가늘고 단정한 의자 다리. 예츠손(Jetson) 안락의자와 같은 초현대식 디자인. 차분한 색조의 파랑색과 회색.
- **조명:** 플라스틱과 패브릭 조명등.
- **욕실:** 아랫부분만 타일 마감한 벽. 막대 모양 타일. 타일 마감한 빌트인 욕조. 비데가 다시 흔해진다. 페슈토르프(Perstorp, 스웨덴의 화학제품 기업)는 타일보다 비싸나 청소가 더 쉬운 플라스틱 깔개를 출시. 벽 마감재로도 사용되었다. IFÖ사(스웨덴의 욕실 설비 전문 기업)의 10×10센티미터 도자기 바닥 타일.
- **부엌:** 천장과 목조부는 보통 흰색으로 칠했던 반면, 부엌 싱크대와 찬장 문은 회색, 파랑 또는 녹색처럼 짙은 색상을 썼다. 서랍에는 ㄷ자나 D자 모양 나무 손잡이, 찬장에는 유리나 주물로 된 둥근 손잡이가 유행했다. 싱크대와 찬장 문, 출입문 소재는 티크보다 저렴하고 가벼운 오크메나무 합판으로 제작되기도 했다. 집의 외벽에 붙어 있던 저장고가 냉장고로 대체되기 시작했다.

1970년대
백만 호 주택 건설 프로그램

외부

- **파사드:** 광택제 처리된 수직 은촉물림 판자.
- **지붕:** 검은 콘크리트 팬타일 기와를 얹은 대형 지붕.
- **창:** 바깥으로 열리는 문틀 없는 창. 열리고 닫히는 기능 없이 모양으로만 달려 있는 셔터. 3중창은 새로운 건축물에서 표준이 되었다.
- **현관문:** 무늬가 있는 티크 또는 스테인 처리된 목재.
- **세부사항:** 지하실이 없는 주택. 요들라르(joddlar) 발코니(지붕이 발코니 위까지 나와 있다). 백만 호 프로그램은 주로 아파트 건설과 관련이 있지만, 이 기간 동안 33만 5천 호의 새로운 단독주택도 건설되었다.

내부

- **바닥:** 바닥 전체를 덮는 카펫, 장판, 투명 바니시 처리된 소나무 바닥. 습식 욕실과 현관 바닥에는 타일.
- **방문:** 문틀과 문, 손잡이 모두 플라스틱. 때로는 소박한 나무 문.
- **문손잡이:** 다양한 색상의 플라스틱 손잡이. 놋쇠 손잡이. 단순한 열쇠.
- **난로:** 석유파동과 핵 발전으로, 주택 대부분이 전기 난방. 난로 사용이 줄어들었다.
- **벽지:** 무늬가 큰 벽지, 패브릭 벽지, 무늬가 입체적으로 드러나는 벨루어 벽지.
- **가구:** 스테인 또는 투명 바니시 처리된 소나무. 윈저 의자. 큰 등받이 쿠션과 측면 쿠션이 있는 푹신한 소파. 코듀로이 소재. 인기 있는 색은 녹색, 갈색, 주황색.
- **조명:** 소나무 소재. 테슬이 달린 벨벳 조명갓. 스웨덴 조명기업 아텔리에 뤽탄(Atelié Lyktan)이 펜던트 조명 붐링(Bumling)을 출시했다.
- **욕실:** 나무판자로 된 욕실 보관장. 변기 뚜껑과 변좌용 패브릭 커버. 화장실용 매트. 화장실과 욕조를 나누는 칸막이. 샤워부스는 석유파동 이후 에너지 절약의 일환으로 출시되었다. 바닥이나 벽에 설치된 비데. 도자기 회사 회가네스(Höganäs)의 갈색과 베이지색 타일. 플라스틱의 황금기.
- **부엌:** 색이 들어간 가전과 타일. 소박한 찬장 문, 둥근 나무 손잡이 또는 둥글고 오목한 플라스틱 손잡이가 자주 사용되었다. 이전에는 두 줄로 붙인 타일이 싱크대 물막이 표준이었지만 1970년대에는 세 줄이 가장 흔해졌다.

1980년대
포스트모더니즘

외부

- **파사드:** 파스텔 색의 석회사암 또는 플라스터, 나무 파사드.
- **지붕:** 회색 콘크리트 기와가 놓인 모임 지붕.
- **창:** 느슨한 가로대가 달린 양문형 여닫이 창
- **현관문:** 페인트를 칠한 나무.
- **세부사항:** 미국의 방갈로에서 영감을 얻은 퇴창. 실내에는 아치형 출입문과 기둥.

내부

- **바닥:** 다층 쪽모이 세공 바닥, 리놀륨 매트, 모조 자연석 타일.
- **방문:** 흰색 페인트로 칠한 패널도어.
- **문손잡이:** 암쇠가 별도로 있는 놋쇠 손잡이.
- **난로:** 굴뚝 대신 연통이 달린 각진 스타일의 판금 난로.
- **벽지:** 흰색 페인트 또는 파스텔 계열의 밝은 벽지.
- **가구:** 주택 보유자들의 성공을 상징하는 고급스러운 장식. 파티클 보드를 소재로 한 대량 생산 인테리어 디자인. 코너 소파와 가죽 소파. 유리 탁자. 민트 그린, 살구, 청록색, 빛나는 네온 색의 장식품. 거울벽, 천장 선풍기, 도자기 인형, 고리버들 의자와 주름장식(프릴) 커튼. 물침대가 인기.
- **조명:** 도자기 조명등. 얇은 종이 전등갓을 쓰는 펜던트 조명등. 크롬 도금 대형 플로어 조명등.
- **욕실:** 대리석 타일, 모티브가 있는 회화적인 타일. 샤워부스
- **부엌:** 찬장 문이 있는 흰색과 회색 부엌. 대리석이나 대리석 느낌의 합판 조리대 상판. 세라믹 전기레인지와 전자레인지가 도입.

1990년대
네오모더니즘 또는 양식 혼합

외부

- **파사드:** 1890년대에서 영감을 받은 나무 패널.
- **지붕:** 전통적인 팬타일 기와 또는 판금.
- **창:** 돌출형 십자 가로대가 있는 나무 창. 장식 조각된 박공 널.
- **현관문:** 비바람에 잘 견디는 고압축 합판.
- **세부사항:** 뚜렷한 모서리 장식 널빤지. 패널 분할 몰딩. 전면 장식. 단순한 무늬가 새겨진 박공벽.

내부

- **바닥:** 소나무나 자작나무 또는 벚나무나 스테인 처리된 오크처럼 붉은 나무로 된 다층 쪽모이 세공 바닥.
- **방문:** 1980년대보다는 특징이 있는 문. 둥근 유리창이 뚫린 플러시도어.
- **문손잡이:** 유서 깊은 도자기 슬리브 놋쇠 손잡이
- **난로:** 유리 받침이 달린 화목 난로. 난로 앞부분도 유리.
- **벽지:** 스펀지 페인팅 또는 붓질 무늬가 있는 벽지. 과일 모티브가 있는 가장자리. 군청색, 베네치아 빨강, 황토색. 테라코타. 트리시아 길드(Tricia Guild, 영국의 인테리어 디자이너) 스타일.
- **조명:** 무늬가 있거나 주름이 잡힌 패브릭 갓을 쓴 테이블 조명.
- **가구:** 신축성 있는 가죽 좌석이 있는 강관 가구. 작은 서랍들이 있는 유리 진열장과 수납장. 오디오 또는 TV, CD 플레이어 따위의 가전을 위한 가구. 빈 백 의자. 금색의 해 모양 거울, 연철 촛대 같은 소품들.
- **욕실:** 화려한 장식의 타일. 1990년대 후반에는 욕실에 색이 다른 배경 벽도 있었다.
- **부엌:** 오크로 된 싱크대와 찬장 문. 색이 들어간 타일, 타일 모자이그 또는 색 타일. 스테인리스 스틸 가전의 대중화. 빌트인 오븐이 인기를 얻게 되고 인덕션 레인지가 도입된다.

2000년대
네오모더니즘, 세기의 변환

외부

- **파사드:** 보강 처리된 플라스터. 은촉붙임이 되어 있는 수평보드와 기름 먹인 단단한 목재.
- **지붕:** 집의 전면부를 덮지 않는 지붕. 외쪽 지붕이 집의 입구에서부터 가장자리 방향으로 경사져 있다. 마감 처리하지 않은 징크 패널.
- **창문:** 창틀 없이 벽체에 평평한 형태로 달린 창. 분체도장된 알루미늄 프레임.
- **현관문:** 홈이 파인 견목, 원형이나 직사각형으로 유리 타공된 현관문.
- **세부사항:** 대형 나무 데크. 개방형. 단순한 선, 대형 파노라마 창문과 경사 낮은 지붕.

내부

- **바닥:** 나무 바닥과 쪽모이 세공 바닥.
- **방문:** 유리를 끼운 문. 자작나무. 바니시 처리.
- **문손잡이:** 암쇠가 별도로 있는 브러시 처리 강판.
- **난로:** 벽돌로 만든 벽난로 또는 전면에 판유리를 끼운 난로. 천장에 매달려 있는 화목 난로가 등장했다.
- **벽지:** 페인트를 칠한 벽 또는 벽지를 바른 벽. 인기 있는 색은 카페라테, 베이지와 다양한 색조의 연한 갈색.
- **조명:** 천장 매입등.
- **가구:** 밝고 산뜻한 느낌 또는 새로운 북유럽풍(뉴 노르딕). 합리적 가격의 실용적인 덴마크 디자인의 시대. 예를 들어 무토(Muuto), 헤이(HAY), 노만 코펜하겐(Normann Copenhagen), 펌리빙(Ferm Living), 앤트래디션(&Tradition)이 있다. 밝은 색 나무, 분체도장된 금속 디테일, 무광택 표면, 라운지 가구, 다이븐(Divan) 소파. 장난스러운 모양. 엮어 만든 플라스틱 매트와 러너(1999년 등장한 대표적인 브랜드 파펠리나). 벽걸이형 평면 텔레비전과 천장에 매달린 빔 프로젝터는 브라운관 텔레비전을 시장에서 몰아냈다. 홈 시어터가 대세로 자리 잡음.
- **욕실:** 샤워부스 모자이크 타일 시공. 벽배수형 양변기. 레인 샤워기. 바닥 난방. 건조기 겸용 수건걸이.
- **부엌:** 하이그로시 싱크대. 내구성이 뛰어난 복합 소재 조리대 상판. 스테인리스 스틸 주방 가전. 싱크대 가림판 유리 뒤에 패널과 벽지.

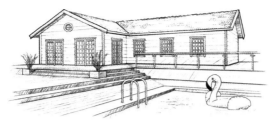

2010년대
개인주의

외부

- **파사드:** 큐브 모양. 흰색, 검정, 회색. 대형 단독주택. 연립주택, 듀플렉스 주택. 뉴잉글랜드 양식(미 동부 해안의 주택 양식에서 비롯한 스웨덴 현대 주택 양식)의 영감을 받은 단독주택. 복고풍의 덮개 패널 또는 브러시 처리한 콘크리트.
- **지붕:** 박공 지붕과 개방형 천장. 베란다 위는 금속 지붕. 때때로 교차하는 박공과 여러 개의 지붕창.
- **창:** 문살과 차양의 재유행. 비대칭적인 위치에 설치.
- **현관문:** 시골집에서 영감을 받은 소박한 현관문.
- **세부사항:** L자형 및 H자형 집. 박공 벽면의 출입구. 미국식 베란다. 온실 또는 일광욕실. 더욱 현대적인 나무 데크와 베란다 바깥쪽 유리 난간. 수영장이 있는 확장된 나무 데크.

내부

- **바닥:** 나무 바닥, 쪽모이 세공 바닥, 콘크리트 바닥. 단순화된 헤링본 쪽모이 세공 바닥 설치법의 대중화. 모로코풍의 패턴 타일. 미송으로 만든 긴 나무판자가 인기.
- **방문:** 일반적인 플러시도어 또는 최소한의 디테일을 특징으로 하는 셰이커(shaker) 스타일의 문.
- **문 손잡이:** 크롬 또는 브러시 처리된 크롬. 광택 처리 또는 브러시 처리된 놋쇠. 다양한 금속과 가죽 소재.
- **벽난로:** 전면이 판유리로 만들어진 난로. 판금 황동 벽난로. 전통적이거나 미래지향적 형태의, 굴뚝 없는 바이오에탄올 스토브.
- **벽지:** 회색, 베이지색 페인팅 또는 어두운 색. 윌리엄 모리스(William Morris)의 고전적인 패턴 벽지가 인기를 끌었다.
- **조명:** 백열전구 금지.
- **가구:** 리넨과 벨벳 커버 소파. 침대 헤드 커버. 대리석, 황동, 구리. 나무와 가죽. 레트로풍 디자인과 창의적인 재해석. 받침대와 조각. 개성이 강한 아름다운 소품들.
- **욕실:** 금속 다리가 달린 서랍형 세면대 하부장. 무늬가 있거나 없는 MDF 사용. 자기로 만든 세면기. 대리석 욕실 선반. LED 조명이 들어간 얇은 평면거울. 맞춤형 바닥 배수구.
- **부엌:** 주로 회색. 상부장이 없으며, 때로는 개방형 회색 선반 설치. 놋쇠 수도꼭지와 소품. 셰이커 스타일의 주방.

혼합 스타일

만일 여러 인테리어 디자인 스타일이 모두 마음에 든다면 어떻게 해야 할까? 좋아하지 않는 스타일로 이미 꾸며진 집에 살 수밖에 없다면, 어떤 해결책이 있을까? 혹은 취향이 전혀 다른 사람과 같이 살아야 한다면 서로 상충하는 스타일을 어떻게 혼합할 수 있을까?

여러 스타일을 혼합하여 하나의 분위기와 인상을 만들어내는 것은 전문가에게도 어려운 일이다. 하지만 집 안에 이미 여러 가지 스타일이 혼재되어 있다면 어쩔 수 없다. 해결 방법을 찾는 수밖에. 얼핏 불가능해 보이지만, 스타일의 충돌을 해소하거나 완화하는 트릭을 알아두면 꽤 도움이 된다.

지배와 향신료

정확하게 절반씩 섞는 것이 해결책이 되는 경우는 드물다. 하나의 인테리어 디자인 스타일을 지배적인 이미지로 하고, 다른 하나는 향신료처럼 기능하도록 하자. 50:50 대신 80:20을 출발점으로 삼는 것이 현명하다. 먼저 구입하는 데 돈이 많이 들고, 자주 바꾸기 힘든 기본 가구(소파, 책장, 씽크대, 침대)에 공통된 스타일을 유지하자. 그리고 나머지 것들에 대담한 취향 전환과 혼합을 시도해보자. 이렇게 하면 이곳저곳에서 다른 스타일이 튀어나오더라도 균일하고 조화로운 인상을 만들어낼 확률이 높다.

스타일 삼각관계

만일 세 가지 스타일을 좋아한다면 80:20 대신 서로 밀접하게 관련된 두 가지 스타일을 주요 스타일로 삼도록 하자. 물론 그 반대로 할 수도 있다. 이질적인 하나의 스타일을 기본으로 하고, 나머지 두 가지 스타일을 양념처럼 사용하는 것이다. 예를 들면 스칸디나비아와 일본의 미니멀리즘을 향신료처럼 가미해 전체적인 스타일에 소박함을 부여하는 식이다. 물론 더 많은 스타일을 혼합하는 것도 불가능한 것은 아니다. 하지만 네다섯가지 다른 스타일로 작업을 한다면 전체적인 느낌이 산만해질 가능성이 높다.

색의 통일

스타일에 통일감을 주기 위해서는 여러 차이를 함께 묶어낼 수 있도록 느슨한 공통분모를 만들어내는 것이 스마트한 방법이다. 그중에서도 균일한 배색이 가장 무난한 방법이라 할 수 있겠다.

흩어 놓기

만일 향신료가 되는 요소들을 모두 한데 모은다면 스타일 충돌은 더 격렬해질 수밖에 없을 것이다. 이럴 땐 그 요소들을 공간 전체에 뿌리듯 배치하도록 하자. 전체가 더 편안해지는 느낌이 들게 된다.

같은 스타일보다는 같은 분위기로

디테일이나 소품이 주요 테마와 반드시 일치할 필요는 없다. 하지만 비슷한 분위기를 조성한다면 좋을 것이다. 예를 들어, 느긋하고 편안한 느낌을 구현하고자 한다면, 지나치게 딱딱하고 꼿꼿한 스타일의 가구는 피하도록 하자.

시각적 소음

소음은 머릿속을 긁어댄다. 아무리 작더라도 불분명한 소리는 신경에 거슬린다. 밤새 윙윙거리는 모기와 함께 자야 했던 사람이라면 누구나 내 말뜻을 알 것이다. 시각적 인상도 소음 못지않게 우리의 정신을 어지럽힌다. 주위에 물건이 많은 것을 좋아하든 적은 것을 좋아하든 상관없다. 시각적 인상은 자극을 유발한다.

방을 빙 둘러보자. 거실에 있다면 소파에 앉아 천천히 둘러보자. 정신을 어지럽히는 것이 있는가? 내가 말하는 것은 단지 잡동사니, 또는 미처 치우지 않는 종이 박스나 비닐 봉지 따위가 아니다. 가구의 위치, 색상, 소품도 사람들의 정신을 산란하게 만들 수 있다.

음악이 시끄러우면 우리는 볼륨을 낮추거나 아예 꺼버린다. 큰 소리로 말하는 사람에겐 소리를 낮춰 달라고 부탁하고, 집 밖 소음이 거슬리면 창문을 닫는다. 그렇다면 시각적 소음도 좀 더 적극적으로 해결하자. 생각보다 더 편안해질 것이다. 그대로 놓아두면 영원히 피곤하다.

정신을 어지럽히는 것이 선물로 받은 꽃병일 수도 있고, 예전에 구입했던 탁자일 수도 있다. 그러한 물건이나 가구 때문에, 의식적으로든 아니면 무의식적으로든 부정적인 생각이 든다면, 팔거나 버릴 때가 되었다는 뜻이다. 다용도실에 처박아 둔 물건들, 장롱 속에 숨겨둔 물건들도 마찬가지다. 보이지 않는 곳에 둔다고 해서 머릿속에서까지 안 보이는 건 아니다.

카메라 트릭

낯선 사람의 눈으로, 색다른 시각으로 여러분의 집을 보고 싶은가? 그렇다면 스마트폰 카메라를 사용하자. 반복해 말하지만, 카메라 렌즈로 공간을 살펴보면, 실제보다 훨씬 더 선명하게 관찰할 수 있다. 그야말로 모든 것이 드러난다. 이뿐만이 아니다. 한 부분 한 부분을 독립적으로 분리해서 생각할 수 있는 여유까지 생긴다. 맨눈으로는 감지할 수 없는 것들이 카메라에는 포착된다.

고객들에게 의뢰받은 인테리어 디자인 작업을 할 때면, 나 역시도 카메라를 기억 도구로 적극 사용한다. 수도 없이 많은 조명 사이에서 선택하지 못하고 머뭇거릴 때에도, 우연히 맞닥뜨린 멋진 물건이 적절할지 아닐지를 고민할 때에도, 집 사진이 있다면 커다란 도움이 된다. 우리가 매일 살고 있는 집일지라도, 모든 공간과 배치를 정확하게 기억하기는 쉽지 않다. 심지어 그날그날의 기분에 따라 왜곡이 발생하기도 한다. 인테리어 디자인을 새로 하고 싶다면, 그 공간의 사진을 휴대폰에 저장해 두도록 하자. 언제 어디서든 꺼내 볼 수 있도록 말이다.

도전하기

각 공간의 사진을 적어도 다섯 장 이상 찍도록 하자. 자연 채광 상태에서, 밝을 때면 더욱 좋다. '실제 시야'를 담자. 예를 들어 텔레비전이 놓인 거실장 뒤편 벽이 거슬린다면 소파에 앉아 사진을 찍도록 하자. 그리고 별도의 폴더를 만들어 사진들을 모아 놓자. 이런 식으로 집의 구석구석을 작업하자. 그러면 공간별로 현재의 상태를 분석할 수 있다.

전체적인 구성은 어떤가? 2장에서 언급된 바 있는 삼등분 법칙이 잘 적용되고 있는가? 색을 선택함에 있어서 60:30:10+B/W 비결을 적용할 수 있겠는가? (이에 관해서는 바로 다음 장에서 자세히 살펴볼 것이다.) 멋진 인테리어 디자인 리듬을 찾아냈는가? 아니면 홀수 규칙을 충족시키기 위해 무엇인가를 채우거나 치울 필요가 있는가?

카메라를 들고 렌즈를 통해 공간을 들여다보자. 전문가의 눈을 연습할 수 있는 가장 쉬운 방법이다.

"건축은 공간으로 표현된 시대 의지다."

_ 루트비히 미스 판 데어 로에(Ludwig Mies van der Rohe, 20세기를 대표하는 독일 출신의 건축가)

배색

인테리어 디자인을 할 때, 어떤 스타일을 선택하는지 또는 예산이 얼마나 되는지보다 더 중요한 것이 색이다. 색은 공간의 느낌을 형성하는 직관적이고 결정적인 요소다. 색은 인테리어 디자인의 다른 요소들을 단숨에 압도한다. 어떤 사람들은 가능한 한 색을 적게 쓰는 게 세련된 방식이라고 주장하고, 어떤 사람들은 다양한 색상들이 공간에 생기를 부여한다고 말한다. 페인트, 벽지, 패턴이 없는 집을 상상하기란 힘들다. 이 장에서는 색과 관련한 여러 선택과 결정이 쉽도록, 색에 대해 꼭 알아야 할 기본 사항을 설명하도록 하겠다.

색의 도전

인테리어 디자인에 감각이 있다는 사람들도 막상 색 문제 앞에서는 주저하는 경우가 많다. 인테리어 디자인 전문 블로거로서 나는 수 년 동안 배색과 관련한 질문을 수없이 받아야 했다. 질문들은 실로 다양했지만, 그 많은 질문들에서 거의 똑같은 느낌을 받았다. 많은 경우 독자들이 원했던 것은 인테리어 디자인을 위한 멋진 배색 팔레트였다.

우리는 색을 다양한 방식으로 인식한다. 같은 색이라고 할지라도 채광 등 주변 환경에 따라서 다르게 인식한다. 한낮의 햇빛과 저녁 노을빛, 가구, 바닥색과 조명은 색의 느낌을 좌우하는 여러 요소 중 일부에 지나지 않는다.

또한 우리에겐 특정한 색에 대한 저마다의 기억이 있으며, 이 기억은 고유한 연상을 불러일으킨다. 이런 이유로 집이 오랫동안 간직하게 될 색을 선택하

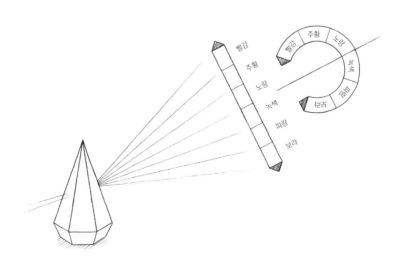

는 데는 시간과 신중함이 필요하다. 일단 이 사실을 받아들이는 것이 첫 번째다. 그러고 나서 여러분만의 색상 팔레트를 찾아내면 그 보상은 생각보다 크다. 일시적인 유행이 아닌, 나의 취향을 바탕으로 내가 원하는 색들을 찾아내면, 비싼 돈을 주고 가구나 소품을 잘못 사는 일도 줄어든다.

색의 기초

색의 상호 관계에 대한 현대적 해석의 토대를 마련한 사람은 다름 아닌 과학자 아이작 뉴턴이다. 뉴턴의 실험실에서 광선이 프리즘을 통과하며 무지개 스펙트럼을 만들어냈을 때, 뉴턴은 색과 색의 관계를 이해하게 됐고, 색상환의 기초를 떠올렸다. 그의 발견은 색상(Hue)의 미묘한 차이, 빛과 색 사이의 관계를 이해하는 데 도움이 되었다. 가색혼합이나 감색혼합처럼 바탕이 되는 원리가 어떤지에 따라 색상환(그리고 표색계)의 발전된 변형 역시 다양하다.

가색혼합

예를 들어, 모니터에 디지털 방식으로 사용되는 RGB 체계(체계의 기본색인 빨강, 녹색, 파랑에 기초한 이름)가 있다.

감색혼합

예를 들어, 4도 인쇄 색 모델인 CMYK는 기본색의 영어 이름인 시안, 마젠타, 옐로, 키 컬러(key colour, 핵심이 되는 색으로 대개 검정)의 줄임말이다.

지각 기반 체계

예를 들어, NCS(Natural Colour System®©)는 사람들이 색깔을 어떻게 인식하는지에 기초해 만들어진 색 체계다. 안료 배합이나 방사 패턴과 같은 물리적 속성이 아닌, 오직 색의 시각적 속성에 기반한다. NCS 체계를 구성하는 색상은 노랑, 빨강, 파랑, 녹색, 흰색, 검정이다. NCS 사의 홈페이지(https://ncscolour.com/ncs/)를 방문하면 페인트에 사용되는 색상 체계에 대해 더 자세한 정보를 얻을 수 있다.

색상환과 색 혼합하기

여기에서는 바우하우스의 아티스트 요하네스 이텐(Johannes Itten)의 역사적인 색상환 모델에 기반해 색상환의 구성과 혼색을 설명하려 한다. 이 모델은 안료 혼합을 설명하는 데 자주 사용되고, 비교적 이해가 쉽다. 자세한 정보를 원한다면, 색 체계와 관련된 전문 서적을 참고하기 바란다.

원색

- 빨강
- 파랑
- 노랑

두 가지 원색을 혼합한다면 등화색인 녹색, 주황, 보라를 만들 수 있다.

등화색

- 빨강+파랑=보라
- 노랑+파랑=녹색
- 빨강+노랑=주황

원색을 색상환에서 가장 가까운 등화색과 혼합할 때 생기는 여섯 가지 색상을 3차색이라고 한다.

3차색

- 자주(Red-purple)
- 남색(Blue-purple)
- 청록색(Blue-green)
- 연두색(Yellow-green)
- 귤색(Yellow-orange)
- 다홍색(Red-orange)

색상환

색상환에는 이 12가지 색이 포함되며 원 모양은 색 사이의 관계를 설명한다. 또한 색상환은 어떤 색이 서로 잘 어울리고 경쟁하는 경향이 있는지에 관한 효과적인 이미지를 제공한다.

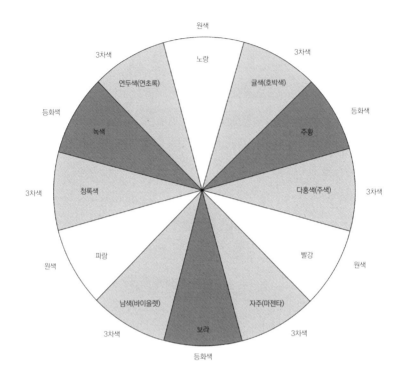

무채색

흰색, 검정, 회색은 중립색이라고 부르나 색상환에는 없다. 이 안료를 원색, 등화색, 3차색에 혼합하면 다양한 스펙트럼을 만들어낼 수 있다.

보색

색상환을 보면 일부 색들은 서로 맞은편에 있다. 이렇게 반대되는 두 색을 보색이라고 하는데, 예를 들어 노랑과 보라, 파랑과 주황, 빨강과 녹색이 서로 보색이다. 보색끼리 조합하면 색은 더 강조된다. 예를 들어 빨강은 노랑과 결합할 때보다 녹색과 결합할 때 더 빨갛고 더 강렬하게 느껴진다.

따뜻한 색과 차가운 색

색상환을 보면 노랑에서 빨강까지는 따뜻한 색이다. 반면 파랑에서 녹색까지는 차가운 색이다. 하지만 좀 더 미묘하게는, 차가운 색과 따뜻한 색 모두에 따뜻한 변형과 차가운 변형이 있을 수 있다. 게다가 차갑고 따뜻하다는 느낌은 절대적이기도 하지만 상대적이기도 하다. 인테리어 디자인에서는 이 상대적인 느낌에 더 세심하게 주의를 기울여야 한다.

빨간색도 따뜻한 빨간색이 있고 차가운 빨간색이 있다. 노란색 쪽으로 가까워질수록, 그러니까 노랑을 많이 함유할수록 따뜻한 느낌을 주며(주황색을 떠올려 보자), 파랑을 더 많이 함유할수록 차가운 느낌을 준다(보르도 와인을 생각해보자). 반대편의 녹색도 마찬가지다. 더 많은 노랑이 들어 있다면(올리브색을 떠올려 보자) 따뜻한 느낌을 준다.

색 관련 용어 정리

- **원색:** 혼합하여 다른 색상을 얻을 수 있는 색상 세트 중 하나의 색상.
- **등화색 또는 2차색:** 두 가지 원색을 혼합하여 얻은 색상.
- **3차색:** 원색과 가장 근접한 2차색을 혼합하여 얻은 색상
- **보색:** 색상환에서 서로 반대편에 마주하고 있는 색상. 강한 내비를 만들어내고 서로를 더 선명하게 해줌.
- **색상:** 색을 빨강, 노랑, 파랑 따위로 구분하게 하는, 색 자체가 갖는 고유의 특성.
- **색조:** 한 가지 색상 내에서의 미묘한 변화. 명도 및 채도의 작은 차이. 예를 들면 연녹색과 진녹색은 같은 색상에서 다른 양의 흑색, 백색을 가짐.
- **모노크롬:** 단일한 색상.
- **색소:** 물체에 색상이 나타나도록 만들어주는 물질.

배색이란 무엇인가?

'배색(colour scheme)'이라는 말은 대부분의 사람들이 어떤 뜻인지 알고 있다는 가정 아래 무리 없이 사용되는 개념이다. 하지만 많은 경우가 그러하듯, 그 뜻을 따져 물으면 정확하게 알고 있는 사람은 드문 단어이기도 하다. 그래서 배색의 의미를 간단하게나마 짚고 넘어가는 편이 좋을 것 같다.

배색은 벽과 바닥의 색상뿐만 아니라 가구와 각종 직물에서 소품과 세부사항에 이르기까지, 그러니까 인테리어 디자인을 할 때 거의 모든 선택을 좌우한다. 인테리어 디자이너와 스타일리스트가 단색으로만 작업하는 경우는 드물다. 전문가들은 자신들이 표현하고자 하는 스타일에 맞는 색상 팔레트를 늘 갖고 있다. 그리고 새로운 배색 리스트를 마련하기 위해 언제나 주의를 기울이고 공부한다.

전문가들도 꼭 테스트 단계를 거친다. 새로운 색상으로 벽을 칠할 계획이라면, 실제 사용하게 될 페인트를 실제 공간에서 확인한다. 가장 좋은 방법은 샘플 테스트용 페인트를 활용하는 것이다. 만약 그럴 여유가 없다면, 작업할 공간에 페인트 색상표라도 가져가서 확인한다. 예를 들어 작업할 공간이 침실이라면, 가구, 이불, 조명 등 다양한 요소들이 페인트 색상에 영향을 미칠 수 있기 때문이다. 이러한 과정은 직물의 경우에도 똑같이 적용된다.

색상 코드

인테리어 디자이너, 화가, 예술가와 페인트 제조업체는 항상 색상에 관해 의사소통을 할 수 있도록 색과 색의 변화를 체계화하고, 색상을 무리 짓거나 구분하고 명명하기 위해 노력해왔다. 모든 페인트 제조업체는 자사의 색 혼합에 고유한 이름을 사용한다. 그래서 인테리어 디자이너와 스타일리스트가 색상 코드에 관해 이야기한다면, 그것은 특정 색상 제조에 사용되는 색 혼합 또는 제조법을 의미한다.

- **인테리어 디자이너용 색 체계**
  인테리어 디자인에서 가장 널리 사용되는 색상 코드 체계 중 하나는 NCS(Natural Colour System®)이다. 이 체계는 스웨덴에서 만들어졌으며, 전 세계 페인트 산업과 원료 제조업체, 건축가, 디자이너가 사용한다. 종이나 직물의 색과 관련해서는 팬톤(Pantone) 체계가 자주 사용되며, 금속에서는 RAL 체계가 사용된다.

- **반드시 기억할 것!**
  페인트 칠한 벽의 정확한 색상 코드를 저장해 두도록 하자. 색상코드를 출력해서 인테리어 디자인 관련 바인더에 보관하는 것도 좋은 방법이다. 책상 위에 여러분의 집과 관련된 별도의 파일이 꼭 하나 있기를 바란다. 도색 후 남은 도료는 보관해 두도록 하자. 못 구멍과 같이 사소한 결함을 해결할 수 있도록 밀봉이 잘 된 통에 담아 보관하자. 실온 상태로 보관하되 온도가 너무 낮은 곳은 피한다.

팔레트

인테리어 디자인에 쓸 색 팔레트를 만들 때 색상환을 가이드로 삼을 수 있다. 여기서는 자주 쓰이는 배색과 배색의 원리를 소개하도록 하겠다. 어떤 색 팔레트를 선택하느냐에 따라 인테리어 디자인의 느낌은 사뭇 달라진다.

유사색 팔레트

색상을 하나 선택하고 인접한 색들로 작업한다. 어떤 색을 선택할지 확신이 서지 않을 때 시작하기 좋은 모델이다.

보색 팔레트

색을 하나 선택한 다음, 반대쪽에서 어떤 색상이 보색인지 확인한다.

삼색 팔레트

색상환에 고르게 배분된 세 가지 주요 색으로 구성된다. 다채롭고 화려하다. 초보자가 작업하기엔 약간 까다로울 수도 있다.

분열 보색 팔레트

색상 하나에서 시작해서, 그 색상의 보색의 이웃 색들(인접 색들), 즉 여러분이 선택한 색상의 보색의 양옆에 있는 색들과 조합하는 방식이다.

직사각형 색 팔레트
보색 한 쌍을 선택하고, 한 쌍 더, 즉 처음 선택한 색에서 두
칸 옆에 있는 색을 추가한다.

예술 속 영감과 자연이라는 백과사전

배색에 대한 영감을 빠르게 얻는 방법 한 가지는 좋아하는 벽지나 예술 작품
에 근거하는 것이다. 어떤 색상을 매치해야 할지 직관적으로 알기 힘든 경
우 이 방법은 썩 괜찮다. 먼저 좋아하는 작품이나 벽지를 골라 색과 비율을
분석하자. 사진을 찍어서 다양한 색조와 비율을 알려주는 웹 서비스를 사용
해도 좋다. 페인트 매장에 직접 가져가는 것도 방법이
다. 이미지를 판독하고 올바른 색상 코드를
찾아내는 데 도움을 얻을 수 있을 것이다.
자연은 거대한 색상 팔레트라 할 수 있
다. 나비의 날개, 나무 둥치, 심지어 바
위나 절벽의 회색 색조에서도 배색의
아이디어를 얻을 수 있다. 사실 아주
많은 패션 디자이너와 인테리어 디자
이너는 자연에서 영감을 얻는다. 신발
끈을 질끈 묶고 숲, 바다, 산 또는 좋아하
는 곳 어디든 걸어 보자.

> 요즘에는 사물이나 사진 속
> 이미지의 정확한 색상 코드를
> 알아내는 스마트한 해결책들이 많다.
> 인터넷에서 '색상 추출기' 또는 '배색'
> 같은 단어를 검색해보자.
> 그러면 관련 앱과 도구에 대한
> 자세한 정보를 찾을 수 있다.

60:30:10+B/W 공식

집을 다양한 색으로 꾸미고 싶어 하는 경우, 추가한 색상들이 서로 어울리기보다는 조화를 해친다고 느끼게 될 때가 종종 있다. 예를 들어 흰색 소파에 원색 쿠션을 놓는다면 쿠션이 다른 소품이나 가구와 어울리지 않는다. 마치 게스트가 쇼 전체를 담당하게 된 것과 같은 느낌이다. 얼마 지나지 않아 결국 참지 못 하고 쿠션을 치워버린다.

그러나 그 빠른 포기는 잘못된 선택이다. 치우는 대신 더 추가해야 한다. 이 경우에는 순백인 것과 대비를 이루는 것들을 더 풍부하게 하는 편이 효과적이다. 원색 쿠션에게 더 많은 색상 친구를 만들어주어야 하는 것이다. 빼고 바꾸는 대신 더하고 퍼지게 하면 완전히 다른 효과를 얻을 수 있다.

그렇다면 얼마나 더하고 얼마나 퍼지게 해야 할까? 황금 분할 비율의 원리에서 연유한 이 공식은 '60:30:10+B/W'라고 불린다. 배색의 비율을 고민 중이라면 지금 당장 써먹을 수 있는 공식이다. 한 색상과 다른 색상의 조화는 물론, 색조 사이의 균형까지 찾아줄 것이다. 또한 조화로운 배색으로 공간을 분할하는 데도 큰 도움이 된다. 공식을 정장 스타일링에 대입해보면 다음과 같다.

- 60퍼센트는 재킷, 바지, 조끼로 구성된다.
- 30퍼센트는 드레스셔츠로 구성된다.
- 10퍼센트는 넥타이와 포켓치프로 구성된다.

60퍼센트	30퍼센트	10퍼센트
벽	포인트 벽	그림
바닥	커튼과 러그	쿠션
대형 가구	소형 가구	장식품

색 팔레트의 비율과 배분

　　　　　의도한 배색을 이런 식으로 배분함으로써 조화롭게 색상을 사용하게 된다.

- 방의 60퍼센트는 한두 가지 주요 색으로 이루어져야 한다.
- 방의 30퍼센트는 주요 색을 부각하는 직무를 맡은, 색조가 유사하고 서로 대비되지 않은 악센트 컬러로 구성되어야 한다.
- 방의 10퍼센트는 한두 개의 대비되는 색으로 멋을 더해야 한다.
- +B/W는 위에서 선택한 색상들을 강화하는 소소한 검은색과 흰색의 요소를 의미한다. 검은색과 흰색은 다른 색깔들을 돋보이게 하여 마무리 작업을 할 때 도움이 된다.

이러한 배색 공식을 사용하기 위해 반드시 강렬한 컬러를 사용할 필요는 없다. 부드럽거나 채도가 낮은, 또는 단색 인테리어 디자인에서도 이 공식은 사용된다. 이때는 한 가지 색상의 다양한 색조로 멋진 균형을 만들어낼 수 있다.

흰색 또는 회색 인테리어 디자인을 위한 기본 배색

어떤 사람들은 무채색만으로도 훌륭하고 세련되게 인테리어 디자인을 하지만 대다수의 사람들은 선호하는 색을 고르지 못 해 그저 무난하게 무채색을 선택한다.

컬러 디자이너 당뉘 투르만-모에(Dagny Thurmann-Moe)는 배색에 있어 아주 요긴한 조언을 한 바 있다. 흰색, 회색, 검정색은 색상환에 포함되어 있지 않아서, 흰색 또는 회색을 기본 색으로 선택하면, 추가하는 모든 색에서 강력한 대비를 느낄 수 있다는 것이다. 따라서 무채색이 주는 중립적인 느낌을 덜어주고, 더 많은 색과 색조에 '개방적'일 수 있도록 녹색 식물과 나무를 추가하면 배색이 보다 간단해진다. 좀 더 쉬운 방법으로는 벽을 미색(흰색 대신)으로 칠하는 것이다. 그러면 다른 색(자연의 컬러)들과 좀 더 쉽게 조화를 이룰 수 있다.

또 하나 사용하기 쉬운 배색은 자연의 세 가지 주요 색인 녹색, 파랑, 갈색이다. 숲, 하늘, 대지에 흉한 색은 따로 없기에 대부분의 색은 이 세 가지 색과 훌륭하게 어울린다. 또한 이 세 가지 색은 기존의 무채색에 다른 빛을 부여하고, 색조의 풍부함을 더해 그 기초를 더 아름답게 한다. 그러므로 만일 이 세 가지 색 중 하나로 배색을 시작한다면 그 색은 이미 가지고 있는 색은 물론 새롭게 추가할 색들과도 무난하게 어울릴 것이다. 그리고 이 세 가지 색 중 하나에 약간의 흰색이나 회색을 섞어 사용하면 기존의 무채색 영역과 보다 자연스럽게 조화를 이루게 된다.

사람들이 범하는 가장 흔한 실수는 색상을 너무 적게 사용한다는 것이다. 그러니까 우리는 우리의 공간 안에서도, 너무 작은 부분에만 너무 적은 색을 사용하곤 한다. 예를 들어 거실의 경우, 무채색 벽과 나무 바닥 혹은 나무색 장판에 무채색 소파를 두고, 그 위에 무난한 색상의 쿠션 두 개를 더하고선 충분하다고 생각하는 것이다. 하지만 이런 2차원적인 배색은 그저 깔끔하기만 할 뿐 그 이상의 인상을 주지는 못 한다.

좋은 인테리어 디자인의 핵심은 획일적이라는 느낌이 들지 않도록 하면서 배색을 조화롭게 만드는 것이다. 완전하게 배색이 된 방은 60:30:10+B/W의 공식에 따라 7~9가지 색조로 구성된다. 사방에 똑같은 청록색 악센트 컬러를 선택하는 대신 다양한 색조의 청록색 쿠션이나 더 짙은 푸른색의 캔들 홀더 혹은 식물을 선택하는 방법이 있는 것이다.

색상 코드의 함정

인스타그램에서 가장 자주 반복되는 질문 중 하나는 "색상 코드가 뭔가요?" 라는 질문이다. 하지만 나는 여러분이 인테리어 디자인 프로젝트에 맞게 벽 색깔을 선택할 때, 가장 먼저 색상 코드의 함정에 빠지지 말라고 당부하고 싶다.

두 가지 중요한 개념을 정의하는 데서부터 시작하자. 고유색 또는 통용되는 색(inherent/nominal colour)의 명칭들은 페인트 제조업체가 표시하는 색상이다. 반면 인지색(perceived colour)은 그야말로 우리가 실제로 보는 색상이다.

인지색에 영향을 미치는 요소는 가구, 벽, 바닥, 인테리어 디자인, 가구의 주변 색상, 광원(광원의 강도와 빛의 온도), 그리고 일광이며, 일광 또한 방위에 따라 그 색이 다양하다. 한 집에서라도 일광이 다른 공간에서는 같은 색이 다르게 감지된다. 일반적으로 북향 방은 더 춥게 느껴지는 반면, 남향 방은 더 따뜻하게 느껴진다. 결론적으로 똑같은 색상 코드라 할지라도 내가 사는 집과 여러분이 사는 집에서 다르게 느껴질 수 있는 것이다.

광택의 선택

페인트를 칠한 결과가 의도했던 바와 같으려면 좋아하는 색을 찾아내는 것만큼이나 올바른 광택을 선택하는 것이 중요하다. 무광 표면과 유광 표면은 색상을 완전히 다르게 표현하기 때문이다. 광도는 1에서 100까지의 범위로 표시된다. 여기서 1은 완전 무광에 해당하고 100은 고광택에 해당한다. 무광 표면은 빛을 흡수해서 색상이 더 어둡게 표현되는 반면, 유광 표면은 빛을 훨씬 더 많이 반사해 밝게 표현된다. 같은 원리로 유광 표면은 색을 더 강하게 표현한다.

만일 무광 마감을 선택한다면 검정 페인트는 절대로 완전한 검정색이 되지 못한다. 대개 검정 도료의 깊이감 있는 표현을 위해서는 약간의 광택이 필수다.

무광 벽면 페인트

- **장점**: 결함을 숨기기에 용이하다. 관용성이 좋다. 번쩍임 없이 차분하다.
- **단점**: 내구성이 떨어지고, 얼룩과 흠집이 생기기 쉽다. 표면 청소가 더 어렵다.

유광 벽면 페인트

- **장점:** 유지 및 관리가 쉽다. 빛을 반사해 환하다. 깨끗한 느낌을 준다.
- **단점:** 표면의 굴곡이나 잘못된 붓질이 훨씬 더 도드라진다.

광택도 보조자료

- **고광택(90~100):** 마모와 먼지(오물)에 심하게 노출되는 목재와 금속의 표면에 사용된다.
- **광택(60~89):** 보통 바닥과 수납장 문에 사용된다. 요즘에는 이 정도의 광택이 그리 흔하지 않다. 수성 페인트를 사용하면 유성 페인트로 할 수 있는 것만큼 광택이 나지 않는다.
- **반광택(30~59):** 바닥, 가구, 문, 창문, 몰딩 및 문틀과 같은 목공에 좋다.
- **반무광(11~29):** 부엌, 현관, 아이 방처럼 얼룩이 생길 위험이 큰 벽면에 자주 사용된다. 청소가 가능하다.
- **무광(6~10):** 청소할 때 마모가 되며 제품에 따라 약간의 차이가 있다.
- **완전 무광(0~5):** 예를 들어 천장과 같이, 완전한 무반사이기를 원하는 표면에 사용된다(부엌과 화장실에서는 사용하지 못 한다).

한 걸음 더!

- 선택한 색상이 어두울수록 광택이 더 선명하다.
- 습식 욕실에 칠하는 페인드는 방수와 발수 기능이 있어야 하고, 확실한 마감을 위해 실리콘 실링도 필요하다.
- 라디에이터에 칠하는 페인트는 내열성이 있어야 한다.
- 벽이나 목공 모두에 쓸 수 있는 광택도 5의 청소 가능한 페인트도 있다.

벽 색을 결정하기 전에 되도록 샘플 페인트를 칠해보자. 점을 찍어 보는 테스트는 권장하고 싶지 않다. 널빤지나 피자 상자를 샘플 페인트로 칠한 다음 페인트칠을 할 벽에 하나씩 붙인다. 올바른 광각으로 샘플 페인트를 보는 것이 중요하다. 샘플 페인트 역시 2차례 칠하기를 잊지 말자. 또한 그 공간에 주로 머무르게 될 때의 빛을 염두에 두고 봐야 한다. 낮에 주로 있는가? 저녁에 주로 사용하는가?

조건 등색

메타머리즘(metamerism)이라고도 한다. 서로 다른 두 가지 색이 특정한 조건에서 같은 색으로 보이는 것을 말한다. 소파를 구매할 예정이라면, 소파를 놓을 조명 아래서 실제 색상을 판단할 수 있도록 매장에 소파 외피 샘플을 요청하도록 하자. '매장에서는 이 색깔이 아니었던 것 같은데' 하며 갸우뚱하게 된다면, 그 느낌은 대개 정확하다. 매장 조명에서만 외피를 판단한다면 소파를 집에 들였을 때 색상이 달라 당황할 수도 있다. 가구 매장에는 언제나 천 샘플이 비치되어 있다. 그렇지 않다면 테스트를 위해 소파 쿠션 하나를 집에 가져갈 수 있는지 문의하는 것도 방법이다.

흰색을 선택한다는 것은

색을 다루는 일에 익숙하지 않은 사람은 아마도 흰색이 가장 무난한 선택이라 여길 것이다. 그러나 대부분의 공간은 이미 흰색이 차지하고 있다. 게다가 흰색은 쉽게 오염되는 색상이다.

순백색도 드물다. 많은 경우, 따뜻한 쪽이든 차가운 쪽이든 색상이 혼합된 페인트가 선호된다. 이때에도 마찬가지로, 최종 선택은 페인트를 칠할 공간의 빛에 달려 있다. 물론 어떤 색들과 배색할지도 영향을 미친다.

만약 마음에 드는 흰색 인테리어 디자인 이미지를 발견했다면, 세심하게 관찰할 필요가 있다. 잡지에서 마음에 드는 인테리어 디자인 사진을 발견했을 경우, 사진의 흰색과 실제 흰색이 일치하는 경우는 거의 없다. 일정한 수준의 화질을 확보하기 위해 화이트 밸런스를 조정하기 때문이다. 또한 인쇄되는 종이 역시 색에 영향을 준다.

따뜻하게, 차갑게

흰색 페인트는 거의 대부분 완전한 순백이 아니다. 순백은 눈이 부셔 활용도가 떨어지기 때문이다. 그래서 대부분의 페인트는 차가운 쪽이든, 따뜻한 쪽이든 안료를 혼합해 만들어진다. 차가운 계열의 안료가 들어 있는 흰색 페인트는, 은과 아연 같은 차가운 금속처럼, 파랑, 터키 옥색, 보라색 같은 다른 차가운 색과 함께 배색될 때 그 매력을 최대한 발산한다. 따뜻한 흰색 페인트에는 그 반대가 적용된다. 빨강, 주황, 노랑과 같은 따뜻한 색상이나 금과 황동 같은 따뜻한 금속이 잘 어울린다.

중성적인 흰색(Neutral white); NCS 색상 코드 S 0500-N

가끔 순백색이라고 불리나 실제는 그렇지 않다. 이 페인트에는 5퍼센트의 검정이 포함되어 있기 때문이다. 오랫동안 표준으로 여겨진 흰색 페인트와 달리 노란 안료가 들어가지 않아 이 페인트가 더 중성적인 흰색으로 느껴진다.

스톡홀름 흰색(Stockholm white); NCS 색상 코드 S 0502-Y

스톡홀름 흰색은 21세기의 첫 10년 동안 스톡홀름 도심을 채웠던 밝고 신선한 스타일에서 유래했다. 당시의 도장공들은 흰색 페인트에 노란색 안료를 살짝 더하면 커버력이 좋아지는 것은 물론 유지 기간도 더 길어질 것이라 믿었다. 하지만 혹자들은 이 색이 드러내는 노란기가 마치 니코틴에 손상된 듯한 느낌을 준다는 혹평을 쏟아내기도 했다. 그러나 일반인들은 대부분, 이 색의 힘은 바로 그 색조, 따뜻함에 있다고 여겼다.

창의 흰색(Window white); RAL 9010

금속 재질의 흰색 창에는 흔히 RAL 9010이라는 크림톤의 미색이 사용된다. RAL 9010은 NCS와는 다른 색 체계다. S 0502-Y가 RAL 9010에 가까운 페인트인지 전문가들은 논쟁을 벌이지만, 일부는 이 색이 스톡홀름 흰색보다 더 희다고 말한다. 어디까지나 취향의 문제! 알아두면 좋다.

천장의 흰색(Ceiling white); NCS 색상 코드 S 0300-N

천장에 칠하는 흰색 페인트는 벽보다 색조가 더 하얗다. 천장의 흰색 색상 코드는 S 0300-N (말하자면 불과 3퍼센트의 검정 도료만 들어 있는 페인트)인데, 대부분 방을 '부각하기'를 위해서 천장이 벽보다 더 밝기를 원하기 때문이다. 천장 페인트의 광도는 대개 완전 무광(GL3)이다.

표준 흰색(Standard white)

공장에서 도장된 몰딩, 문틀, 방문의 흰색은 대개 NCS S 0502-Y이며, '표준 흰색'이라 불리곤 했다. 이 색은 수년 동안 이케아 가구에서 기본적인 흰색으로 쓰였다. 여기에는 5퍼센트의 검정과 2퍼센트의 노란색이 들어 있어 따뜻한 느낌이 난다. 그래서 종종 순백색 또는 차가운 회색 벽을 선택한 사람들에게 문제를 일으켰다. 몰딩은 노란 계열로 보이는데 벽은 청백색 계열로 보이기 때문이다. 최악의 결과가 아닐 수 없다. 흰색 페인트나 가구, 벽지, 패브릭 등을 고를 때는 어떤 계열의 흰색인지를 세심하게 살펴야 한다. 전기 스위치와 콘센트가 흰색이거나, 천장과 바닥 몰딩이 흰색이라면, 한 번 더 살펴보도록 하자.

방위와 흰색

북쪽으로 창이 난 방에는 희미하게 푸르스름한 일광이 든다. 이 빛은 흰색 벽이 자주색과 보라색으로 보이게 한다. 이런 방에서 노랑 안료가 혼합된 따뜻한 느낌의 흰색 벽을 선택하면, 은은한 녹색 톤의 분위기를 연출할 수 있다. 반면에 남향의 공간엔 따뜻한 빛이 든다. 만일 따뜻한 느낌을 지우고 싶다면, 예를 들어 파랑 혹은 녹색처럼, 약간 더 차가운 느낌의 안료가 들어 있는 흰색을 선택하도록 하자. 그러면 균형을 맞출 수 있다.

채광과 날씨뿐만 아니라, 조명 그리고 특히 바닥의 색과 재질은 흰색 벽의 색조에 영향을 미친다. 오크, 소나무, 자작나무처럼 노란 계열의 목재 바닥은 노란 계열의 안료가 포함되어 있는 흰색 페인트의 따뜻함을 더 강조한다.

벽지

벽지는 페인트와 같이 공간에 효과적으로 분위기를 만들 수 있다. 벽지를 잘 활용하면 시각적으로나 물리적으로 벽에 어떤 구조를 부여할 수도 있게 된다. 벽지의 종류는 셀 수 없을 만큼 다양하다. 마치 리넨처럼 패턴 처리되어 공간을 패브릭으로 감싼 것과 같은 효과를 내는 벽지뿐만 아니라, 입체적인 질감과 촉감을 살린 벽지까지 등장했다.

경험 법칙과 조언

벽지 무늬를 고를 때는 집의 스타일과 양식부터 고려하자. '빨간 실'을 따르든 그렇지 않든, 후회 없는 결정을 위해서 건물이 설계되고 건축되었을 때 어떤 무늬와 모양이 유행했는지 파악하는 것이 먼저다. 모든 양식과 스타일에는 당대의 상황에 맞는 그 시대의 전형적인 무늬 이미지가 있기 마련이다. 그 당시의 고전적인 벽지든, 그 시대에서 영감을 받아 새롭게 해석한 디자인이든 선택은 전적으로 여러분의 자유다. 하지만 집이 지어졌을 당시의 느낌과 분위기, 스타일과 양식, 유행과 경향을 아는지 모르는지는 생각보다 중요하다. 그것이 선택의 옳고 그름을 결정하는 기준이기 때문이다. 공간의 크기와 벽의 표면은 패턴을 선택하는 데 있어 중요한 기준이다. 우리는 이미 "작은 방은 작은 무늬, 큰 방은 큰 무늬"라는 오래된 경험 법칙을 알고 있다. 이 법칙은 큰 무늬의 진가를 발휘하기 위해서는 더 넓은 공간이 필요하며, 무늬가 큰 벽지는 작은 방에서 끝이 잘린 느낌이 들 수 있다는 전제에서 출발한다. 나는 여기에 덧붙여, 만일 모든 벽면을 무늬가 큰 벽지로 도배하면, 자칫 정돈되지 않은, 혼잡한 인상을 줄 수 있다는 점도 알려주고 싶

벽지 샘플을 볼 때는 작은 샘플 조각에만 집중하지 말고 한 걸음 물러서서 벽지가 도배할 벽면 전체에 펼쳐지는 모습을 상상하도록 하자. 이때 인터넷에서 제공하는 이미지는 종종 큰 도움이 된다.

다. 작은 무늬는 멀리서 보면 주변과 잘 섞이는 경향이 있다. 무늬가 조명이나 가구 같은 세부 요소를 강조하고 보강하는 역할을 한다. 벽지가 주인공을 돋보이게 하는 조연 역할을 수행하는 것이다. 반면 큰 무늬는 세부 요소를 삼켜버린다. 가구나 조명을 압도하기 때문이다. 무늬가 큰 벽지를 선택한다면, 균형을 맞추기 위해, 가구와 소품을 선택할 때에도 과감해질 필요가 있다.

무늬의 크기뿐 아니라, 색상 역시 벽지 선택의 중요한 포인트다. 색상의 가짓수가 얼마나 되는지는 공간의 전체적인 느낌을 크게 좌우한다. 일반적으로 색상이 많을수록 더 복잡해진다. 만약 여러분이 벽지 선택에 어려움을 겪고 있다면, 대비가 강조되지 않는 연한 색상의 부드러운 무늬를 선택하라고 조언하고 싶다. 만일 공간에 활력을 불어넣고 싶다면, 단색 벽지 견본 카탈로그는 덮어두도록 하자. 더 강렬한 색과 대비에 초점을 맞추면 새로운 선택지가 나타날 것이다.

무늬가 큰 벽지는 스스로 분위기를 내뿜는다. 벽지가 공간의 '주인공'이 되어 가구보다 더 눈에 띤다.

무늬가 작은 벽지는 일종의 '조연' 역할을 한다. 공간에 스며들어 배경이 된다. 가구를 압도하지도 않는다.

이어지는 공간의 리듬감

고객이 주택이나 아파트 공간 전체를 도배하려 할 때, 나는 시선이 향하는 방향을 꼭 염두에 두라고 조언한다. 어느 공간이 동시에 눈에 들어오는지 체크하라는 얘기다. 또한 사람들은 거실에서 침실로 이동하든, 복도에서 작은 방으로 들어가든, 혹은 공간이 개방적이든 폐쇄적이든 상관없이, 이전 공간에서 받은 인상을 다른 공간으로 이어간다. 즉 벽지 선택의 기준은 여러분이 어떤 인테리어 디자인 리듬을 연출할 것인지에 달려 있는 것이다. 만약 여러분의 공간에 안정된 리듬감을 부여하고 싶다면, 표현이 과감한 벽지를 바른 방과 인접한 공간에는 그 무늬나 색상이 약해지게 하거나, 더 단조롭게 하는 것이 좋다. 무늬가 있는 벽지에서 색상을 하나 따서 다음 공간으로 가져가는 것도 방법이다. 반면 속도감을 높이고 싶다면, 즉 스타일의 충돌을 일으키고자 한다면, 방마다 연이어 시끄러운 무늬의 이미지들을 배치하면 된다. 어떤 선택을 하든 그것은 여러분의 취향이다. 다만 각각의 공간이 전체의 한 부분이라는 걸 잊지 말도록 하자.

초보자를 위한 조언

색을 사용하는 일에 익숙하지 않은 사람에겐 벽지 선택이 그 어떤 인테리어 디자인보다 어렵다. 초보자를 위한 첫 번째 팁은 주변과의 조화가 상대적으로 쉬운 단색의 수수한 무늬를 선택하라는 것이다. 방 전체를 도배할 필요도 없다. 깨어 있는 시간의 대부분을 보내는 공간부터 시작할 필요도 없다. 작은 공간, 작은 벽면부터 시작해보도록 하자. 그리고 한동안 두고 지켜보자. 선택이 만족스러운지 아니면 아쉬웠는지…. 이렇게 처음에는 작은 공간에서 시작해 점차 침실 벽 등으로 작업 영역을 넓혀가면 된다.

포인트 벽: 방 전체가 아니라 색이 튀는(다른) 벽면 한 곳에만 도배를 하거나 페인트칠을 한다.

허리몰딩: 벽을 두 부분으로 나누는 폭 좁은 벽지. 테두리 위 아래에 다른 벽지를 바르는 것이 일반적이다.

웨인스코팅: 벽의 아래쪽 부분에 나무나 합판 등을 덧대고, 그 윗부분은 페인트를 칠하거나 벽지를 바른다. 높이는 다양할 수 있으나, 인테리어 디자이너들은 대개 황금 분할 비율(경계를 바닥과 천장 사이 중간에 두는 일은 드물다. 1/3 또는 2/3 지점을 기준으로 작업한다)을 기준으로 작업한다.

시각적 효과와 공간의 크기

벽지를 어떻게 선택하느냐에 따라, 작은 공간을 더 크게 보이게 할 수도 있고 방을 더 아늑하게 만들 수도 있다. 벽지의 소재, 너비, 선의 방향, 무늬의 크기, 밝거나 어두운 색조와 색상을 이용하면 아주 효과적이다.

무늬 혼합법

만일 한 공간에 하나 이상의 무늬를 조합하고자 하거나 혹은 그럴 수밖에 없다면, 예를 들어 무늬가 있는 벽지를 바꿀 수 없는 상황에서 무늬가 있는 직물, 깔개(러그, 매트, 카펫) 또는 가구와 조합하고자 한다면, 조화를 이루기 위해 사용하는 심리적 트릭들이 있다. 이것은 유용하긴 하지만 절대적인 규칙은 아니기 때문에 상황과 여건에 맞춰 잘 참고하기 바란다.

» 1단계

인테리어 디자인을 하려는 방에 무늬를 적용할 수 있는 가장 큰 표면을 결정하는 것부터 시작하자. 예를 들어 방의 한쪽 벽일 수도 있고, 옷장과 같은

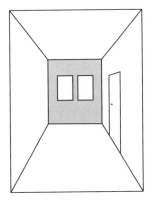

은은한 효과를 주고 싶을 때 — 가장 작은 벽

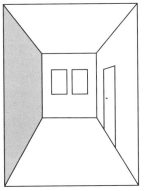

효과를 증폭하고 싶을 때 — 가장 큰 벽 또는 첫 인상을 좌우하는 곳

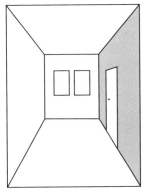

대비 효과를 주고 싶을 때 — 문과의 대조

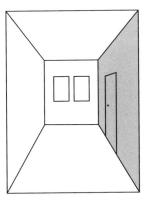

문을 위장하고 싶을 때

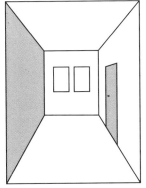

문을 강조하고 싶을 때

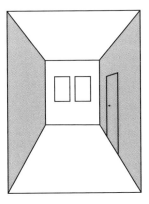

방을 이늑하게 만들고 싶을 때

대형 가구일 수도 있으며, 러그, 카펫, 커튼, 침대 커버와 같은 대형 직물일 수도 있다.

» 2단계

무늬를 추가할 수 있는 더 작은 표면이 무엇인지 생각해보자. 공간의 유형에 따라 다양할 것이다. 장식용 소형 쿠션일 수도 있고, 전등갓일 수도 있다. 만약 부엌이라면 오븐 장갑, 식탁보 또는 쟁반 같은 것들이 있다.

» 3단계

이제 조합하고자 하는 벽지와 직물을 선택하자. 다음 세 가지 범주 안에서 선택하면 된다.

- 유기적 무늬(무성하거나 빽빽한 무늬)
- 기하학적 무늬(규칙적인 무늬)
- 단색 표면(균형을 잡아주는 색)

무성한 나뭇잎 무늬 사이에 조금 딱딱하게 느껴지는 규칙적인 무늬를 섞는다면 역동적인 분위기를 연출할 수 있다. 앞서 얘기한 바 있는 병치 이론을 떠올리면 된다. 더 딱딱하고, 더 직선적이며 더 반복적인 무늬와 나란히 있는 불규칙적이고 유기적이며 큰 무늬의 이미지는 서로를 부각하거나 보강한다. 반면에 유사한 유형의 무늬만 사용하면 자칫 모든 것이 묻히고 지루해질 위험이 있다.

그런 다음, 선택한 무늬가 균형을 잡아주는 하나의 색(똑같은 색일 필요는 없다)으로 수렴되게 하면, 전체적인 느낌이 조화로워진다. 선택한 무늬 중 하나에 포함된 좋아하는 색이 깔개나 가구에서도 빛을 발하도록 하자. 패턴을 섞는 가장 훌륭한 비결은 각각의 느낌을 상승시키는 조합을 찾아내는 것이다. 그리고 모든 무늬의 리듬이 똑같지 않도록 패턴의 크기와 범위에 변화를 주어 선택하는 것이다.

유기적 무늬(무성하거나 빽빽한 무늬)의 예
나뭇잎 / 꽃
새와 동물이 그려진 불규칙한 무늬
투알 드 주이(Toile de Jouy, 전원 풍경을 담은 회화적인 무늬),
페이즐리(Paisley, 올챙이 혹은 깃털 모양의 무늬)

기하학적 무늬(규칙적인 무늬)의 예
삼각형, 정사각형, 직사각형, 마름모꼴
줄무늬 / 격자무늬
하운드투스체크

» 4단계

무늬를 선택했으면, 그중 어떤 무늬에 초점을 맞출 것인지 결정한다. 무늬 하나, 스타일 하나가 주인공이 되도록 하고, 다른 무늬와 스타일은 조연으로 기능하게 하자. 일반적으로, 큰 무늬는 큰 표면(벽, 소파, 커튼 등)에서 가장 잘 기능하며, 작고 세밀한 무늬는 더 작은 표면에서 효과적이다.

» 5단계

조화로운 인상을 주고자 한다면, 무늬를 인테리어 디자인 전체에 배분하는 것이 중요하다. 그렇지 않으면 무늬를 혼합한 성과가 공간 한곳에 집중되어버리기 때문이다. 만일 배경 벽에 무늬가 있는 벽지가 발렸다면, 그 무늬가 방의 맞은편에 있는 커튼, 깔개, 전등갓 또는 그림에도 나타나게 하자. 그러면 균형감이 더 좋아진다.

» 6단계

마지막 단계다. 로마는 하루아침에 만들어지지 않았다! 좋아하는 무늬의 혼합이나 스타일의 혼합을 찾아내는 데는 오랜 시간이 걸린다. 만일 여러분이 좋아하는 아이템이 공간 속에서 여전히 도드라져 보이고 조화를 해치는 것 같다면, 그 아이템을 다른 방으로 치우고, 어울리는 다른 아이템을 구하거나 마음에 드는 구성을 찾아낼 때까지 인내심을 갖고 기다리자.

지름길

동일한 색상군 안의 무늬들을 선택해서 무늬 혼합을 연습하는 것도 충돌을 줄이는 훌륭한 방법이다. 색 하나를 다른 무늬 이미지들에서 반복되도록 하면, 표현의 차이에도 불구하고 안정된 느낌을 자아낸다. 또 하나 손 쉬운 길은 한 디자이너의 무늬들로 조합하는 것이다. 디자이너는 여러 회사에서 일을 한다 해도, 대부분은 어떤 식으로든 독자적인 표현 양식을 사용한다. 만일 여러분이 현재 특정 무늬에 꽂혀 있다면 해당 디자이너의 다른 스타일과 제품, 포트폴리오를 찾아보면 도움이 될 것이다.

패턴을 반복한다는 것은 어떤 의미일까?

벽지는 작은 폭의 롤로 인쇄된다. 벽 전체를 바르려면 여러 개의 벽지가 필요하다. 이때 벽지와 벽지 사이를 올바르게 맞추려면 무늬가 어떻게 구성되었는지 살펴봐야 한다. 롤 벽지에서 생기는 손실은 다음의 세 가지 정렬 방법에 따라 차이가 있다.

- **랜덤(Random) 매치:** 인접한 무늬의 상하좌우를 맞출 필요가 없는 정렬.
- **스트레이트(Straight-across) 매치:** 인접한 무늬의 수평 방향을 맞추는 정렬.
- **드롭(Drop) 매치:** 인접한 무늬의 수평과 수직 방향 모두를 맞추는 정렬.

랜덤 매치
무늬를 맞출
필요가 없다

스트레이트 매치
시작선을 동일하게
재단한다

드롭 매치
무늬를 맞추려면
벽지 손실이 있다

대부분의 오프라인 벽지 매장이나 인터넷 쇼핑몰에서는 벽지 샘플을 큰돈 들이지 않고 구매할 수 있고 대여를 해주는 곳도 많다. 일광과 조명은 벽지 무늬에 영향을 미친다. 여러분의 집에서 벽지가 어떻게 보일지 알아볼 수 있는 유일한 방법은 벽지를 바를 곳에 벽지를 직접 가져와 보는 것이다. 물론 이때 역시 벽지 샘플을 꼭 벽에 대 보아야 한다. 바닥과 수직으로 말이다!

액자 걸기

- 경쟁 요소를 피하고 대신에 반대되는 것으로 보완한다. 무늬가 큰 벽지에서는 대개 조금 차분한 모티프의 사진이나 그림이 잘 어울린다. 자잘한 무늬 벽지에는 큰 모티프가 좋다.
- 액자 프레임도 뚜렷한 것이 좋다.
- 벽지와 액자 속 모티프 사이의 거리를 확보하자. 매트지를 이용하면 좋다. 반드시 흰색일 필요는 없다. 흰색 또는 옅은 바탕의 벽지에서는 검정이나 회색 또는 컬러풀한 색지들이 더 선명한 효과를 낸다.

조명

인테리어 디자인 전문가들은 한 공간에 시각적 효과나 분위기를 만들어내기 위해 벽지나 페인트를 사용하듯 조명을 능수능란하게 활용한다. 조명은, 조명등을 배치하는 방법과 빛(광선)이 떨어지는 위치에 따라 공간을 변화무쌍하게 바꾼다. 빛이 지닌 고유하고 강력한 힘을 응용하여 새로운 차원의 밤과 낮을 창조하는 것이다. 이 장에서는 최근 들어 인테리어 디자인을 하는 데 있어 점점 더 중요해지고 있는 조명 스타일링의 기본과 그 비법에 대해 살펴보도록 하겠다.

조명이 없으면 편안함도 아늑함도 없다!

실내 조명의 목적은 복잡하지 않다. 밤늦은 시각, 집이 정전되었다고 상상해보자. 각각의 기능을 하며 편안했던 공간은 갑작스레 혼란스럽고 불편해진다. 빛이 사라졌기 때문이다. 제대로 보려면 빛이 있어야 한다. 이동하기 위해서도 빛이 있어야 하고, 가만히 있기 위해서도 빛이 있어야 한다. 조명의 배치 방법과, 각각의 조명을 어떻게 활용하는가에 따라서 공간의 느낌은 바

뀐다. 좋아하는 것을 강조하고 덜 만족스러운 것들을 가리는 데도 조명은 요긴하다. 그럼에도 불구하고, 많은 아마추어들은 아직 조명을 인테리어 디자인 프로젝트에서 진지하게 고민하지 않는다. 그리고 아주 많은 사람들이 완전히 잘못된 동기와 이유로 조명등을 구입한다. 여러분이 좋아하는 조명등은 어떤 모양인가? 순전히 조명의 역할만을 염두에 두고 조명등을 선택하는가? 효과적인 조명등은 자기 자신의 매력을 드러낼 뿐만 아니라, 주변의 다른 것을 더 돋보이게 하고, 그 빛과 함께 사는 사람들의 생활을 편리하고 아늑하게 만든다.

모양인가 기능인가

　　　　　"이 조명등이 제 인테리어 디자인 스타일에 잘 어울리나요?"
사실 인테리어 디자인 상담을 하다 보면 조명의 기능보다는 조명등의 생김새에 관한 질문을 더 자주 받게 된다. 거의 대부분의 사람들의 질문이 그렇다. 그냥 막무가내로 조명등을 설치하는 게 아니라면, 디자인과 효율을 모두 염두에 두는 것이 중요하다. 실내의 어떤 장소들이 빛으로 보강 또는 강조될 필요가 있을까? 거기엔 어떤 종류의 조명이 효과적일까? 기존의 조명등은 어떤 걸까? 집 전체에는 여러 종류의 조명이 필요할 텐데, 이런 조명 장치들을 어울리게 배치하는 방법이 따로 있을까? 기준과 노하우가 무엇일까?
오늘날 우리가 선택할 수 있는 조명의 종류는 점점 늘어나고 있음에도 불구하고, 조명에 대한 우리의 지식은 좀처럼 늘지 않는 것 같다. 앞 세대들이 눈에 무리를 주지 않는 전등갓과 조명 장치를 만들어내기 위해 수십 년을 매진했는데, 우리는 마치 그 과정을 무시라도 하듯 갓을 씌우지 않은 조명등을 그대로 사용한다. 단순히 유행이기 때문이다. 나는 이 점부터 바꿔야 한다고 생각한다. 기능에 반하는 유행은 오래가지 못 한다.

조명이 좋지 못 한 방은 편안하지 않다. 무엇을 보려면 더 많이 애를 써야 하니 피로감과 두통이 생길 수도 있다. 집중도 힘들고 인내심도 쉽게 소진된다. 조명은 그 어떤 인테리어 디자인 요소보다 건강에 커다란 영향을 미친다.

평면 조명은 흥미로운 역동성과 공간감을 만들어내지 못 한다. 반면 올바르게 유도된 광선은, 그 빛이 비추는 공간이 개방형 공간일지라도 마치 실제하는 벽처럼 아늑한 공간감과 거리감을 자아낸다. 특히 저녁엔 더욱 효과적이다.

강화(보강)와 현혹

조명은 유혹하고 숨기고 드러낸다. 조명의 도움을 받으면 빛과 그림자를 만들어 공간의 여러 부분을 적극적으로 보완하고 강조할 수 있다. 원하는 곳으로 시선을 이끌 수도 있고 아예 다른 곳으로 유도할 수도 있다. 조명은 단지 우리가 어둠 속에서 더 잘 볼 수 있게 해주는 도구일 뿐만 아니라, 그림 액자, 책장의 아름다운 디테일, 가구같이 우리가 좋아하는 것을 더 돋보이게 해주는 영리한 도구이기도 하다.

매장에서 조명등을 선택하는 일은 스피커가 모두 켜 있는 전자 제품 매장에서 나만의 스피커를 고르는 일만큼이나 어렵다. 당신이 좋아하는 저 조명등이 어떻게 빛을 퍼뜨리고, 얼마나 진한 그림자를 드리우는지 세심하게 살펴봐야 한다.

5~7 규칙

조명 배치 및 디자인의 출발점은 공간마다 최소 5~7개의 조명 지점이 있어야 한다는 것이다. 어떤 경우에는 7~9개까지도 권장할 수 있다. 집 안을 한 바퀴 돌며 계산해보자. 각 공간의 조명 수는 어떻게 되며, 조명 세기와 배치는 어떻게 배분되어 있는가? 지금 설치되어 있는 조명이 그 장소에 걸맞게 실제로 작동하고 있는가?

일반적인 사항을 점검했다면, 아래의 각 범주를 하나씩 체크하도록 하자. 지금 당신과 가장 가까운 조명은 아래 범주에서 어떤 역할을 담당하고 있는가? 제 역할을 잘 수행하고 있는가? 지금 당신이 있는 공간에는 어떤 기능의 조명이 추가로 필요한가?

- **일반 조명**

  방 전체에 기본 빛을 내보내는 천장 조명 또는 조명장치.

- **작업 조명**

  안락의자 또는 소파의 독서용 조명, 부엌 조리대 조명과 책상 조명.

- **스폿 조명**

  액자가 걸린 벽, 작품, 책장 또는 벽에 맞춘 악센트 조명.

- **분위기 조명 / 장식 조명**

  무드등, 밝기 조절이 가능한 소형 조명, 미니 전구 체인과 촛불.

방해하는 그림자

그림자는 공간에 음영을 드리워 분위기를 조성한다. 하지만 작업용 조명일 때는 얘기가 다르다. 작업용 조명을 계획하고 설치할.때는 사람이 어디에 있을 것인지를 먼저 생각해야 한다. 만일 부엌에서 유일한 광원이 천장에 있다면 조리할 때 작업자의 앞쪽으로 그림자가 생기기 쉽다. 대체로 조리대나 개수대가 벽을 향해 설치되어 있기 때문이다. 이럴 땐 싱크대 상부장 아래에 조명을 설치하는 것이 바람직하다. 서재나 작업실 같은 공간에도 똑같은 원칙이 적용된다.

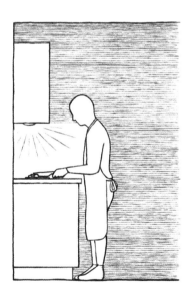
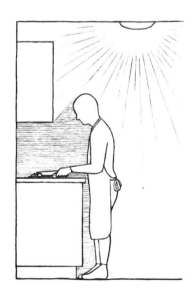

간접광 또는 확산광

조명을 배치하고 디자인할 때는 직접광과 간접광 또는 확산광 사이의 균형
을 맞추는 것도 중요하다. 대개 빛의 방향이 설정된 조명은 직접광을 제공한
다. 그러나 광선이 스크린을 통해 걸러지거나 퍼진다면, 이를 확산광이라고
한다. 간접광은 광원이 반사기 또는 벽에 부딪혀 빛을 확산하는 조명 형태를
말한다.

- **직접광** — 방향이 설정된 빛.
- **확산광** — 전등갓을 통해 걸러진 빛.
- **간접광** — 벽이나 천장에 반사되는 빛.

빛을 쏘는 장치와 빛을 확산하는 장치

아주 단순화하면, 조
명은 빛을 쏘는 장치이거나 빛을
확산하는 장치라고 말할 수 있
다. 전자, 즉 직접광은 대개
작업 조명으로 적합한 반면,
확산광 또는 간접광을 제공
하는 후자는 분위기 조명이
나 장식 조명으로 좋다. 이러
한 분류는 아주 간단하지만, 조
명을 선택할 때 요긴한 기준이 된다.

전등갓을 설치하기 전 체크사항

- 색이 짙은 전등갓은 색이 옅은
전등갓만큼 빛을 많이 내보내지 않는다. 대신
아래나 혹은 위아래로 빛을 밀어낸다.
- 무늬가 있거나 구멍이 뚫린 전등갓은 그림자
효과를 연출하는 데 적합하다. 불균등한 빛을
확산시키기 때문이다.
- 색이 있는 전등갓은 색이 있는 산란광을
퍼뜨린다. 빨간 전등갓은 대개
방 전체를 붉게 물들인다.
- 전등갓에 색이 있더라도 안쪽 면이
흰색이면, 빛이 그 흰 표면에 반사되어
전등갓 바깥쪽 색의 영향을
덜 받는다.

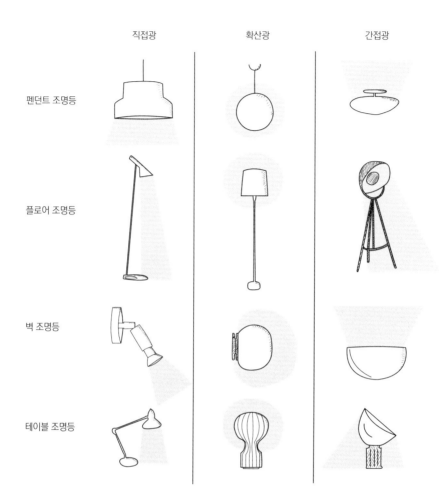

	직접광	확산광	간접광
펜던트 조명등			
플로어 조명등			
벽 조명등			
테이블 조명등			

눈부심 없는 조명의 조건

조명의 수뿐만 아니라, 조명을 (특히 식탁에) 설치하는 높이도 신경 써야 한다. 조명등이 너무 위에 있다면 앉을 때 광원이 눈부심을 일으킨다. 반대로 너무 아래 있어도 머리를 부딪힐 위험이 있으니 곤란하다. SNS나 잡지 속 사진에서는 흔히 조명이 너무 높거나 너무 낮게 달려 있다.

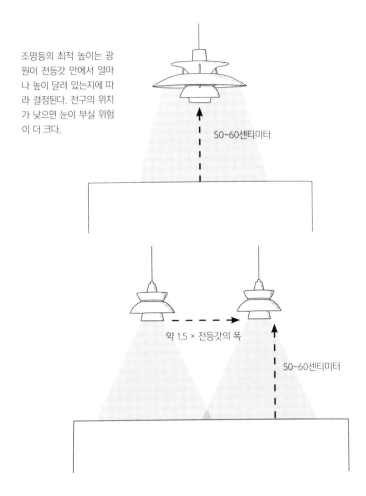

조명등의 최적 높이는 광원이 전등갓 안에서 얼마나 높이 달려 있는지에 따라 결정된다. 전구의 위치가 낮으면 눈이 부실 위험이 더 크다.

50~60센티미터

약 1.5 × 전등갓의 폭

50~60센티미터

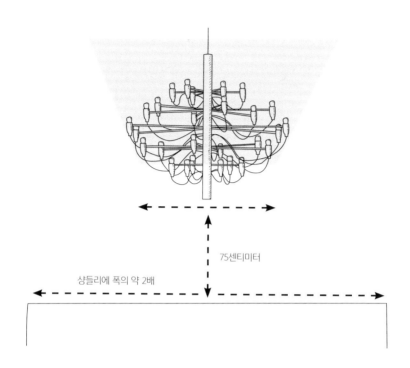

75센티미터

상들리에 폭의 약 2배

인테리어 디자이너는 식탁 상판에서 50~60센티미터의 수직 높이로 조명 작업을 한다. 약간의 변수가 있다면 조명등의 형태와 거주자의 키 정도다. 보통은 그 정도의 높이에서, 조명은 식탁에 앉은 사람들의 눈을 부시게 하는 일이 없이 식탁 전체를 비춘다. 전등갓이 시야를 가리는 일도 없다.

아일랜드 키친이나 바는 상판이 대개 식탁보다 높다. 그래도 원칙은 동일하다. 만일 하나의 조명이 탁자 표면 전체를 충분히 비추지 못 하면, 하나 이상의 조명을 설치하는 것도 좋은 선택이다. 여러 조명을 옆으로 나란히 매달 때에는, 전등갓 폭의 약 1.5배 정도만큼 사이를 두어 설치하는 것이 좋다.

샹들리에 설치 기준

- **탁자 위의 샹들리에:** 탁자에서 약 75~80센티미터 높게.
- **천장 샹들리에:** 바닥에서 200센티미터 높게.
- **복도 샹들리에:** 바닥에서 200센티미터 또는 문설주 위로 약 30~40센티미터 높게.

샹들리에는 설치 기준이 식탁의 천장등과 조금 다르다. 샹들리에는 광원이 위쪽으로 향하기 때문에, 일반적인 조명처럼 아래로 향하는 빛을 제공하지 않는다. 그래서 테이블 위로 떨어지는 빛은 대개 간접광으로 밝기가 약한 편이다. 게다가 디자인 특성상 그림자가 길게 드리워진다.

샹들리에는 시야를 방해하지 않도록 일반 식탁 조명등보다 약간 높이 매달아야 한다. 천장의 높이도 고려해야겠지만 대개 상판에서 약 75~80센티미터 높이가 알맞다. 또한 시각적으로 불균형하지 않도록 샹들리에 지름보다 식탁의 폭과 길이가 모두 더 커야 한다.

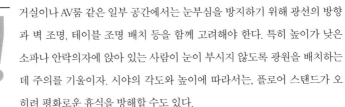

거실이나 AV룸 같은 일부 공간에서는 눈부심을 방지하기 위해 광선의 방향과 벽 조명, 테이블 조명 배치 등을 함께 고려해야 한다. 특히 높이가 낮은 소파나 안락의자에 앉아 있는 사람이 눈이 부시지 않도록 광원을 배치하는 데 주의를 기울이자. 시야의 각도와 높이에 따라서는, 플로어 스탠드가 오히려 평화로운 휴식을 방해할 수도 있다.

방과 복도 조명

복도 조명 설치에도 기준과 노하우가 있다. 조명을 선택할 때는 언제나 공간의 형태와 천장 높이에 근거하자.

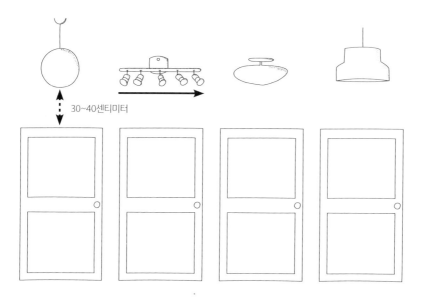

- 만일 천장이 높다면 펜던트 형태의 조명을 추천한다. 문짝의 회전 반경과 옷걸이 등으로부터 안전한 높이를 찾아내자. 문틀에서 30~40센티미터 미만 높이로는 조명을 설치하지 않는다.
- 길고 좁은 복도에서는 대개 이동 방향을 따라 여러 개의 천장등이나 긴 스포트라이트 레일이 필요하다. 이때 빛이 벽을 향하게 하여 벽을 빛의 확산

장치로 활용하자. 그러면 공간이 덜 좁게 느껴지고 눈부심이 생기는 일도 없다.

- 보통의 천장 높이(2.4미터)에서, 인접한 문이나 옷장문이 조명등에 부딪치는 일을 피하려면 평판 조명(천장등)을 사용한다.
- 만일 복도에 매달린 펜던트등에도 신경을 쓰고 싶다면, 눈이 부시지 않도록 빛을 걸러주는 필터가 있는 모델을 선택하도록 하자.

높이의 변주

인테리어 디자이너는 조명 지점 수, 확산광과 간접광, 기능성 조명등의 적절한 높이 외에도 고려하는 것이 하나 더 있다. 방 안의 모든 조명 지점이 동일한 높이에 배치되지 않도록, 즉 조명의 높낮이를 만들어내는 것이다. 대체로 보통의 집에서는 천장등을 제외한 모든 조명이 대략 같은 높이에 있기 마련이다. 그런데 뭔가 특별해 보이는 집은 조명등 중 하나를 올리거나 내리고, 위아래로 빛을 조절할 수 있는 스포트라이트를 활용한다. 어두운 구석에 있는 포인트 조명은 방을 실제보다 더 크게 보이도록 만들어주기도 한다.

만약 집에 들어섰을 때, 집이 여러분을 반기는 느낌을 받지 못 한다면 다른 그 어떤 것들보다 먼저 조명을 바꿔보라고 제안하고 싶다. 조명은 앞서 말한 바와 같이 아마추어들은 가장 소홀하고, 전문가들은 가장 드라마틱하게 활용하는 주제이기 때문이다.

지금 여러분이 있는 공간, 그곳이 방이든 거실이든, 현재 어떤 높이(높은 곳, 낮은 곳, 중간)에 조명이 없는지를 신속하게 스캔하길 바란다. 어쩌면 천장등과 탁자 조명등만 있을지도 모르겠다.

다양한 높이로 배치될 수 있는 조명의 예를 나열하면 다음과 같다.

높은 곳	중간	낮은 곳
• 천장등 • 평면 천장등 • 스포트라이트 레일 • 천장 매입등 • 펜던트등	• 플로어 조명등, 독서용 조명등 • 높은 서랍장이나 사이드 테이블 위의 조명등 • 책장의 집게 고정 스포트라이트 • 액자 조명 • 벽이나 예술 작품을 비추는 스폿 조명 • 창문 앞 펜던트 조명등	• 창턱에 배치된 낮은 받침 조명 • 테이블 조명등과 향초 • 높이가 낮은 플로어 조명등 • 바닥 매입형 스포트라이트 • 신발장 밑이나 바닥용 조명등

자연광

실내 조명의 또 다른 목적은 자연광을 보완하고, 그 흐름을 보전하는 것이다. 해는 동쪽에서 떠서 서쪽으로 지며 시간의 흐름에 따라 빛의 색은 바뀐다. 지금 당신이 앉아 있는 곳에서 주위를 둘러보라. 창문이 어디어디에 있는가? 그 창으로 들어오는 빛이 계절과 날씨와 시간은 물론, 집의 방향과 창문 위치에 따라 다양한 방식으로 실내를 돌아다니며 여러분의 인테리어 디자인에 다양한 색깔을 입힌다.

해가 뜨는 아침에는 자연광이 차갑고 강렬하다. 낮의 일광은 환하고 하얗다. 오후의 어느 시점이 지나면, 빛은 따뜻해진다. 이렇듯 빛의 변화에 따라, 실내 조명을 조절하는 것이 가능하다. 자연광의 리듬에 맞춰 켜지고 꺼지고 밝아지고 흐려지도록 만들 수 있다.

빛에는 색이 있고, 색에는 온도가 있다. 빛의 색 온도는 켈빈 단위로 측정된다. 24시간 실내의 빛을 편안하게 유지하는 방법을 궁리하도록 하자. 인터넷에서 '인간 중심 조명(Human Centric Lighting)'이라는 개념을 검색해보기를 권한다.

만일 간접 조명을 사용할 거라면, 천장과 벽에 쓸 페인트나 벽지에 어느 정도의 광택을 선택할지 주의를 기울이도록 하자. 4장을 참고하길 바란다.

색과 빛에 대한 분석

다음은 여러분이 있는 공간에서 빛의 느낌을 분석하는 데 사용할 수 있는 시각적 개념과 질문이다. 하나씩 묻고 답해보자.

- **조명 수준**

  방은 얼마나 밝은가?

- **빛의 배분**

  낮에는 빛이 어떻게 배분되는가? 저녁에는? 조명은 어떻게 배치되어 있는가?

- **그림자**

  조명이 단조롭게 느껴지지 않도록 그림자는 적절하게 드리워지고 있는가? 그림자 모양과 구조를 강조할 수도 있지만, 지나치게 명확하고 진한 그림자는 혼란스러운 대비를 만들어낼 수도 있다.

- **명점**

  방의 전반적인 조도보다 밝은 곳이 있는가? 명점은 전등빛(예를 들어 구멍이 뚫린 전등갓)과 자연광(예를 들어 방 안으로 들어오는 햇빛이 형성하는 창 이미지) 모두가 만들어낼 수 있다.

- **반사와 섬광**

  빛의 반사는 더 아름다운 빛을 만들기도 하며, 산뜻하지 않은 소재에 생기를 부여하기도 하지만, 원하지 않는 반사는 오히려 불편함과 짜증을 유발할 수 있다.

- **눈부심**

  눈부심이 있는가? 빛을 피하고 싶은가? 전등갓이 없는 조명등에 눈이 피곤한 느낌이 들 때가 있는가?

- **빛의 색**

  빛의 색은 광원이 차갑거나 따뜻한지에 따라 다르다. 광원의 색 재현 및 빛이 반사되는 표면의 색도 중요한 요소다.

- **표면색**

  벽과 가구의 색 역시 빛의 영향을 받는다. 또한 희미한 색, 예를 들어 회색 소파같은 경우는 빛의 색에 더 쉽게 영향을 받곤 한다. 진한 색은 색채 정체성이 더 명확하기 때문에 영향을 덜 받는다.

조명 관련 용어 정리

와트(W): 일률(단위 시간 당 하는 일) 단위. 1초 동안에 소비하는 전력 에너지.
루멘(lm): 광원에서 방출되는 빛의 양을 알리는 단위. 높은 루멘은 더 강한 빛을, 낮은 루멘은 더 약한 빛을 제공한다.
켈빈(K): 빛의 색 온도 단위.
Ra값: 조명의 연색성(조명이 물체의 색감에 영향을 미치는 현상) 단위. Ra 값은 0과 100 사이. Ra값이 100에 가까울수록 사물 본래의 색이 잘 나타난다고 할 수 있다.

조명 트릭

TV 스탠드에 작은 테이블 조명등을 올려놓으면 공간에 아늑함이 더해질 뿐만 아니라, 펜던트 조명을 끄고 TV를 시청하는 경우 중간 광원의 역할을 해, TV와 여러분 사이의 선명한 대비를 완충해준다.

한편 액자 유리는 반사 때문에 그림이나 사진 감상을 방해한다. 이럴 땐 정면에서 직사광선을 비추는 대신 측면 조명을 사용하자. 액자에서 적어도 1미터 떨어진 곳에 광원을 설치하는 게 요령이다. 같은 이유로, 유리 액자를 창 맞은편에 걸거나 번쩍이는 대형 샹들리에를 그 주위에 설치하는 일은 피하도록 하자.

어떤 광원을 선택해야 할까?

- 투명 전구는 더 선명한 빛과 그림자를 제공한다. 투명 광원은 대개 투명 전등갓이 있는 조명등과 짝을 이룬다(투명 유리에 투명 유리를 더한 것이라고 생각하자). 이때는 빛을 거르는 데 도움이 되는 전등갓이 없으므로 조도를 조절할 수 있는 조광기와 전구의 밝기를 체크하도록 하자.
- 오팔 전구(불투명 전구)는 빛을 고르게 확산해 부드러운 분위기를 연출한다. 대부분의 조명에서 두루 사용된다.
- 윗부분을 알루미늄 반사경으로 처리한 미러 전구는 개방형 조명에서 눈부심을 차단해주어 작업용 조명으로 주로 쓰인다. 하지만 상황에 따라 어둡게 느껴질 수도 있다.

"조광기가 없는 조명은
볼륨을 조절할 수 없는
오디오와 같다."

_ 오사 피엘스타드(Åsa Fjellstad, 인테리어 디자인 조명 전문가)

스타일링

이 장에서는 인테리어 디자인 전문가들이 가장 많이 활용하는 스타일링 요령을 정리했다. '요령'이라 칭한 이유는 과학에 근거하기보다는 경험에 근거하고, 원칙이라기보다는 전략에 가깝기 때문이다. 혹시 인테리어 디자인을 구상하거나 실행하면서 어떤 단계에 막혀 있다면, 지금 바로 펼쳐보도록 하자.

전문가의 마무리

'어떻게 마무리를 할 것인가?'로 스타일링에 관한 장이 시작되다니 이상하게 여길 수도 있겠지만, 이 마지막 손길이야말로 가장 중요한 포인트다. 어쩌면 전문가와 아마추어의 커다란 차이는 이 마무리에서 결정된다고 할 수도 있겠다. 예를 들어 대부분의 경우, 전문가나 일반인이나 기본적인 가구를 배치하는 방식은 비슷하지만, 아늑하고 재미있게 만들어주는 디테일은 커다란 차이를 보인다. 전문가는 공간의 포인트를 살리고, 아마추어는 공간의 포인트를 놓친다. 연출하고자 했던 목표를 구현하기 위해 무엇을 했는지가 뚜렷하게 보이지 않는 것이다. 이 공간의 콘셉트는 무엇이고, 그 콘셉트를 실현하기 위한 소품은 무엇인가? 인테리어 디자인에 있어 가장 근본적인 이 질문에 대한 답의 90퍼센트는 마무리 단계에 숨어 있다.

나는 '완벽하다'는 느낌을 주는 공간의 필수 구성 요소를 정리한 켈리 카터(Kelley Carter, 브루클린에서 활동하는 라이프스타일 디렉터)의 체크리스트를 자주 사용한다. 켈리는 인테리어 디자인을 더 흥미롭고 매력적으로 만드는 방법에 관해 이야기한다. 만일 켈리 리스트의 작은 제목들을 염두에 둔다면 이 장 뒷부분에 이어지는 다른 조언들도 쉽게 이해할 수 있을 것이다. 지금 이 순간, 인테리어 디자인의 성공적인 마무리 때문에 고민 중이라면, 이 글을 읽어 보자.

» 초대하는 것(The inviter)

흥미와 호기심을 사로잡아, 그 공간으로 끌어들이는 것이다. 사람들로 하여금 그 안으로 들어와 무엇인가를 더 자세히 보거나 더 많이 느끼도록 만든다. 이것은 분위기일 수도 있으며 아주 디테일한 장식이나 소품일 수도 있다.

» 아늑하게 해주는 것(The Cosifier)

그 공간에 머물고 싶다는 마음을 품게 만드는 무언가다. 포근하게 덮고 쉬고 싶은 캐시미어 담요나, 잠시 시간을 잊고 기대 앉고 싶은 좋은 안락의자 같은 것들 말이다. 눈에 보이는 것이 아닐 수도 있겠다. 어쩐지 마음을 편안하게 해주는 향기일 수도 있다.

» 시선을 들어 올리는 것(The eye lifter)

여러분의 눈을 위로 향하게 하는 것. 공간 전체를 둘러볼 수 있도록 시선을 유도하는 것. 그러니까 그것 자체가 아닌 다른 것들을 위한 구성이며, 하나의 시각적 틀을 만들어내는 그 무엇이다. 예를 들어 바닥에서 천장까지 이어지는 커다란 액자일 수도 있고, 대담한 벽지일 수도 있다. 커다란 화분이나 행잉 플랜트일 수도 있다. 시선을 유도하는 멋들어진 조명일 수도 있다.

» 와우-오브젝트(The wow-object)

그 공간에서 가장 큰 소리로 말하고 있는 오브젝트다. 크기는 상관 없다. 소품만으로도 존재감을 드러내는 명확한 초점을 형성할 수 있다. 전망이 환상적인 큰 창일 수도 있고 놀라운 가구일 수도, 아주 이국적인 소품일 수도 있다. 아니면 기둥이나 천장 등 건축적인 사항일 수도 있다.

» 이상한 것(The quirky thing)

시선의 흐름에 제동을 걸고 관찰자를 놀라게 하는 것이다. "세상에 어디서 저걸 구했지?" 이런 질문을 받는다면 100퍼센트 성공이다. 예술 작품, 유품, 벼룩시장 구입품 아니면 여러분이 직접 만든 것도 가능하다.

» 개인적인 것(The personalizers)

여러분의 집이나 아파트를 바로 여러분의 집으로 만드는 물건이다. 이 지붕 아래에 누가 거주하고, 어떤 삶을 살고 있는지를 알려주는 것이다. 가족사진, 기념품, 개인용품 등 다양하다. 눈에 잘 띄거나 뚜렷할 필요는 없다. 그저 집 안 이런저런 장소에 다른 것들과 함께 어우러지면 충분하다.

» 자연적 요소(The natural element)

공간에 질감을 주고 생명감을 부여하는 것들이다. 화분, 꽃, 천연 재료, 유기적 형태의 물건.

» 마무리 작업(The finishing touches)

어느 정도 완성된 실내의 나머지 비어 있는 공간을 채우고 전체적인 인상을 보다 더 생생하게 만든다. 소파 옆의 잡지 바구니, 사이드 테이블 위의 책 몇 권, 테이블 위의 아름다운 그릇 등.

» 생활의 흔적(Signs of life)

공간에 생활의 향기를 더하는 마지막 세부요소다. 좋아하는 낡은 슬리퍼, 안경, 안락의자 옆의 커피 한 잔. 인스타그램에 게시하기 위해 사진을 찍어야 할 때는 잠시 치워 둘 수도 있지만, 일상에서는 늘 그곳에 있으며, 그것으로 편안해지는 물건들. 우리가 살아 있음을 깨닫게 해주는 소품이다.

소품 배치하기

요소들을 연이어 배치하지 않는다.

함께 모아 배치한다.

다양한 크기와 모양으로 작업한다.

인테리어 디자이너는 시선을 모으거나, 원하는 스타일과 분위기를 연출하고 강조하기 위해 소품을 한데 모아 연출하곤 하는데, 전문가들은 이러한 배치를 '정물(still lifes)'이라고 부른다. 그렇다면 현재 갖고 있는 물건들로 멋지게 구성하는 방법은 무엇일까? 한 폭의 그림처럼 보이게 하려면 어떻게 해야 할까? 정물, 즉 좋은 배치에서 발견되는 패턴과 중요한 구성 요소들을 정리해보았다. 하나의 요소가 여러 역할을 할 수도 있다. 먼저 몇 가지 구성 요소부터 체크해보도록 하자.

주요 구성 요소

- 높은 점(높은 촛대, 키 큰 식물, 자른 꽃 등)
- 무게 중심(둥근 꽃병, 그릇 등 시각적으로 더 무거운 물건)
- 초점(정물에서 중심이 되는 물건)
- 유기적이거나 불규칙한 것(자연 그대로거나 천연 재료로 만들어진 것, 도자기, 수공예품)
- 수평선(눕힌 책, 상자, 긴 접시)
- 수직선(길고 가느다란 장식품, 플로어 조명등)
- 보조 소품(정물에 생기를 불어넣는 물건. 예쁜 돌멩이, 조개껍데기, 작은 수집품, 아이들이 만든 것)

겹침(중복)을 고려한다. 앞열과 뒷열을 만든다.

그룹화 방법과 단계

» 1단계

배치하고자 하는 소품들을 한데 모은다. 예를 들어 나무, 금속, 유리 같은 다양한 재료와 구조를 다양한 형태, 그러니까 원형, 직선형, 사각형 등으로 혼합한다. 크기를 다양하게 하는 것도 좋은 선택이다. 대비를 위한 조합도 고려하자. 높음과 낮음, 부드러움과 단단함, 무광과 유광, 매끈함과 거침.

» 2단계

물건들을 크기순으로 분류한다. 분류를 잘하면 다음 단계가 더 수월하다.

» 3단계

정물이 있을 자리를 표시한다. 눈으로 어림잡아도 좋고 마커를 사용해도 좋다. 초보자를 위한 비결 한 가지는 정물이 놓일 바닥에 쟁반을 놓는 것인데, 그렇게 하면 분명한 틀이 생겨 한결 수월하다.

» 4단계

이젠 외부 윤곽을 결정할 차례다. 무난하게 삼각형 안에서 생각하자. 함께 서 있는 물건들이 삼각형 또는 기울어진 삼각형의 형태를 이루었는가? 보는 이의 시선을 어느 방향으로 이끌기를 원하는가?

» 5단계

배치를 위한 본격적인 단계. 뒷열에서 시작해 앞쪽으로 작업을 진행한다.

» 6단계

홀수(3, 5, 7,…)로 작업한다. 홀수 작업은, 사물의 짝을 짓고 분류하기 원하는 우리들의 본능에 제동을 걸어 멋진 역동을 만들어낸다.

» 7단계

무리를 이룬 물건들이 서로 약간씩 겹치도록 한다. 이런 식으로 물건들이 놓이면 더 나은 통일감을 줄 수 있다.

» 8단계

2장에서 다룬 황금 나선을 떠올려보자. 시선이 그렇게 움직이도록 유도한다.

정물에 적합한 장소

정물을 연출하기 좋은 장소를 몇 곳 추려 보았다. 각각의 자리가 낼 수 있는 효과도 설명했다. 집의 구조나 환경에 따라 목적에 어울리는 장소가 달라질 수도 있다. 안심하고 테스트해보도록 하자.

첫인상 — 집 밖에서

　　　　마당이 있거나, 현관 앞에 조금이라도 여유가 있다면 한번 시도해보자. 여러분의 집을 찾는 게스트에겐 아마도 그 정물이 여러분을 만나는 처음이 되어줄 것이다. 대문이나 현관문 옆에 다양한 높이의 화분을 계절에 맞게 배치해보자. 다정한 첫인상을 남길 수 있을 것이다.

환영 — 현관에서

　　　　현관이나 현관과 연결된 곳에 있는 정물은 반갑고 따뜻하게 손님을 맞이하는 역할을 한다. 현관 서랍장 위나 벽 선반은 최적의 장소다. 만일 현관이 협소하다면, 현관에서 보이는 실내에 놓아 연출할 수도 있다. 현관에서 시선이 닿는 곳이면 어디든 괜찮다.

개인적인 것 — 거실에서

　　　　의미가 있거나 기분을 좋게 만드는 물건들을 한데 모은다. 느낌에 따라 책장, 소파 테이블, 텔레비전 장식장 등의 공간을 사용할 수 있다. 취미나 관심을 환기하는 소품들이나 휴가지에서 사 온 기념품도 좋다. 새 장식물을 사는 것보다는 부모님이 쓰던 유품, 본가에서 가져온 물건, 어린 시절 갖고 놀던 장난감이나 프라모델 등 긍정적인 기억을 유발하는 것들이면 더 좋다.

아늑한 것 — 욕실과 손님방에서

아름답게 구성된 정물은 자신에게나 손님에게나 기분 좋은 배려의 느낌을 줄 수 있다. 예를 들어, 꽃병에 꽂힌 작은 꽃이나 녹색 잎이 달린 나뭇가지, 아름다운 향수병, 욕실 선반 위의 좋은 비누는 딱딱하고 차가운 욕실의 느낌까지도 아늑하게 바꿔준다. 예정된 손님을 위해 준비된 객실도 마찬가지다. 그를 위한 꽃 한 송이가 꽂힌 작은 꽃병, 선별한 잡지와 향초를 침대 협탁이나 서랍장 위에 두면, 디자인 요소로도, 배려의 뜻으로도 손색이 없다.

이미 준비된 것 — 주방, 작업실, 아이 방에서

여러 물건들이 있을 수밖에 없는 곳에서도 정물은 유용한 인테리어 요령이다. 특히 주방과 작업실, 아이 방 등에서 요긴하다. 의식적으로 나누고 모은 멋진 디자인 요소가 되어줄 뿐 아니라, 실용적으로도 훌륭하다. 예를 들어, 주방 조리대에서 기름, 향신료, 도마를 그룹으로 모으고, 사무실에선 펜이나 붓, 작업 도구 같은 문구를 신경 써서 배치한다. 아이 방에서라면 장난감, 봉제 인형, 책을 아름답게 배치해보자.

인테리어 디자이너의 비결

아직도 어디에 무엇을 어떻게 배치해야 할지 모르겠다면, 여기를 참고하자. 아마추어에서 프로 수준으로 업그레이드 해줄 몇 가지 비결을 따로 정리했다.

- **높낮이 차이**: 리딩 라인과 리듬감 있는 윤곽선을 만들어내기 위해서는 소품의 높이를 다양하게 할 필요가 있다.
- **겹침**: 물품들을 일렬로 줄 세우지 않는다. 물품들을 겹쳐서 놓을 수도 있다는 점을 잊지 말자.
- **깊이**: 앞열과 뒷열을 만들어 냄으로써 정물에 깊이를 부여한다. 만일 여유 공간이 있다면 중간도 만든다.
- **레이어**: 만들 수 있는 층이 여럿이라면 정물은 더욱 흥미진진하고 역동으로 보인다.
- **움직임**: 그룹화를 통해 시선을 이끌고 나선형 움직임을 만들어 보자.
- **삼각형 모양**(이등변 또는 옆으로 누운 삼각형): 네모 형태는 피하고, 대신 삼각형 형태가 되도록 한다. 기본 삼각형(한 눈에 보이는 삼각형)과 보조 삼각형(조금 더 오래 살폈을 때 나타나는 작은 삼각형)을 모두 사용하도록 하자.

여러분의 콜렉션에 자부심을!

뭔가를 수집하고 있는가? 그렇다면 한데 모아 놓자. 정물은 꼭 새 것이나 비싼 것으로 구성될 필요가 없다. 도자기 꽃병, 스테인드글라스, 다양한 크기의 달라헤스트(스웨덴을 상징하는 말 모양의 목각인형)처럼 눈길을 끄는 것이라면 무엇이든 좋다. 적절하게 배치하면 뭐든 훌륭한 정물이 된다.

액자 걸기

벽이 장식되어 있지 않으면 집은 완성된 느낌이 들지 않는다. 하지만 못 구멍이 나는 것이 두려워서, 괜히 지저분해 보이거나 과하게 느껴질까 봐 많은 사람들이 벽을 휑하니 비워둔다. 조언을 하나 한다면, 벽을 비워두는 것은 액자를 잘못 거는 것보다도 좋지 않다!

작품 선택

액자 속 이미지가 크게 소리치기를 원하는가? 아니면 은은하게 코러스로 깔리길 바라는가? 둘 중 무엇을 원하는지부터 차분히 생각하자. 그리고 분위기와 시각적 효과를 고려해 선택지를 좁혀 나가자.

액자틀, 매트지, 유리

옷이 사람을 만든다면 액자틀은 예술 작품을 만든다. 액자틀은 그 안에 담길 작품을 돋보이게 하기 위해 존재한다. 그런데도 많은 사람들은 여전히 액자 속 작품보다 집에 있는 가구와 어울리는 액자틀을 고르곤 한다. 액자에 들어갈 사진 혹은 그림이 단순한 프린트인지 아니면 값비싼 원화인지는 상관없다. 그러나 액자틀의 소재와, 액자틀이 얼마나 굵은지 또는 가는지는 전체적으로 큰 차이를 만들어낸다. 작품의 수명을 오래 유지하기 위해 매트지로 무산성 종이를 사용하는 것도 중요하지만 유리의 선택도 중요하다. 자외선 차단 유리는 작품의 상태를 최상으로 유지해줄 뿐만 아니라, 작품의 선명도도 현저하게 높여준다.

매트지를 자세히 보면 작품에 빛이 잘 닿도록 비스듬하게 잘려 있는 것을 알 수 있다. 매트지의 또 다른 목적은 작품이 유리에 직접 닿지 않도록 하는 것이다.

아주 일반적인 규칙

- 소파나 침대 뒤의 액자들은 가구와 가장자리가 맞닿아서는 안 된다. 액자는 일반적으로 소파나 침대를 제외한 벽의 2/3 정도를 차지하면 훌륭하다.
- 가장 흔한 실수는 액자들을 너무 높거나 너무 낮게 거는 것이다. 여러분 집의 천장 높이와 그림 가까이에 있는 가구의 크기에 따라 다르겠지만, 일반적으로 145 원칙(다음 페이지 참조)을 지키면 최적이다. 또한 액자들의 중심선이 바닥에서 천장까지 높이의 약 2/3 지점이면 무난하다.
- 밝은 색 액자틀은 작품의 존재감을 더욱 부각한다.
- 짙은 색 액자틀은 대비를 만들고, 흑백사진처럼 어두운 부분이 있는 이미지의 균형을 맞춰준다.

145 원칙

　　　　　　액자는 어느 정도 높이에 걸어야 할까? 미국의 인테리어 디자이너와 스타일리스트들은 액자를 걸 때 '중심까지 57인치(57inches to the center)'라는 경험 법칙을 자주 언급한다. 모티프의 중심이 바닥에서 145센티미터 높이에 오도록 액자를 걸면, 보는 이에게 왜곡 없이 보여진다는 것이다. 물론 천장 높이가 특별히 더 높은 방이나 등받이가 몹시 낮은 소파가 앞에 있는 벽에서는 그 높이가 다를 수도 있다. 하지만 일반적인 공간에 액자를 거는 최적의 높이를 찾아내야 할 땐 훌륭한 치수다. 기억하자. 145센티미터!

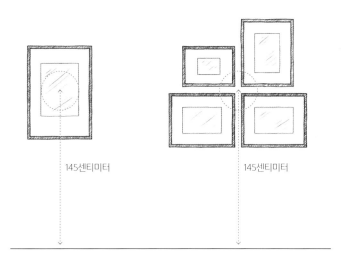

145센티미터　　　　　　　　　　145센티미터

액자 배치 샘플과 원리

　　　　　　벽에 액자를 배치하는 방법은 다양하다. 모든 액자틀을 같은 사이즈로 맞출 수도 있고, 다양한 크기를 사용할 수도 있다. 다양한 크기로 다이내믹한 조합을 만들기로 했다면, 서로 다른 세 가지 치수(대. 중. 소)를 사용하기를 권한다. 가장 큰 형태와 가장 작은 형태 사이에 중간 크기로 다리를 놓는 원리다. 또한 모든 액자틀이 같은 방향으로 걸리지 않아도 괜찮다. 같은 모양의 액자틀을 눕히고 세워서 변형해보자.

» 중심 맞추기

모든 액자의 중심을 같은 높이에 있도록 맞춘다. 가장 기본적인 배치 방법으로 안정감을 준다.

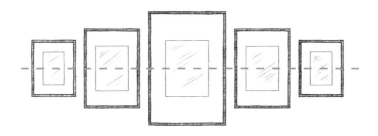

» 아래 맞추기

모든 액자의 아랫면을 맞춘다. 일반적인 액자틀과 변칙적인 모양의 액자틀 모두에 적용할 수 있다.

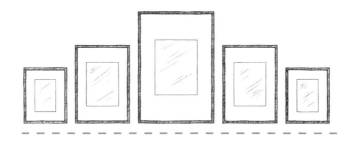

» 위 맞추기

액자의 윗면을 같은 높이로 맞춘다.

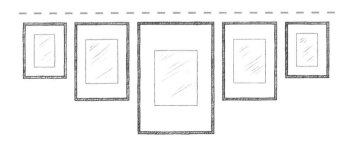

» 리딩 라인 맞추기

시선이 비스듬히 위로 이끌리도록 액자를 배치한다. 원하는 경우, 액자틀을 가로 방향과 세로 방향으로 섞어 걸 수 있지만 이때에도 액자 사이의 간격(5~10센티미터 정도)은 같도록 한다.

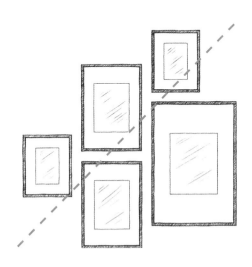

» 수직선 맞추기

액자 크기가 다양할 때, 특히 문과 문 사이 같이 좁은 공간에 걸 때는 수직선 맞추기를 시도해보자. 한 액자의 중심과 다른 액자의 중심을 세로 방향으로 맞추는 방법이다.

» 물결선 맞추기

다양한 모양의 많은 액자를 걸어야 할 때, 답답하고 각진 느낌이 들지 않게 하는 방법으로, 상상의 물결선에 액자들을 맞춰 보는 것이다. 먼저 중심 역할을 하는 그림 액자를 선택한다. 그 다음 그 액자에서 연장되는 곡선에 나머지 그림 액자를 맞춘다. 외부의 경계가 정확하게 맞지 않더라도 우리의 눈은 균일하게 받아들인다.

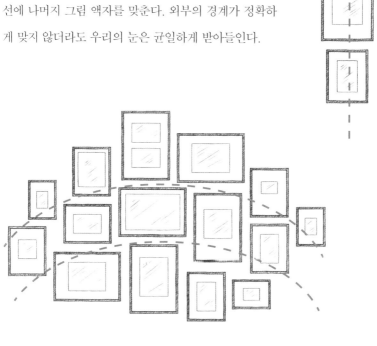

» 사각형 맞추기

다양한 크기의 액자로 작업하더라도 전체 윤곽을 정사각형이나 직사각형 모양으로 맞추면 한결 정돈된 느낌을 연출할 수 있다. 각각의 액자가 다른 모양이더라도 응집된 하나의 전체로 인식하는 착시가 일어난다.

» 주인공 선택하기

액자를 걸 때 어디서부터 시작해야 할지 어려울 수 있다. 나의 요령은 제일 좋아하는 그림이나 사진을 고르는 것에서 시작한다. 가장 마음에 드는 액자를 먼저 건 다음, 그 주인공을 보강하는 데 도움을 주는 조연들을 선택하자.

» 유동적인 외부 윤곽

다양한 크기의 액자를 활용하면 더 유동적인 윤곽을 만들어낼 수 있다. 이미지가 너무 작거나 큰 경우, 매트지나 액자틀의 크기를 조정하면 배치를 새롭게 할 수 있다.

» 계단 맞추기

계단 벽에 액자를 거는 것은 공간감을 강조하는 데 유용한 트릭이다. 계단에 유사한 그림 액자를 반복해서 걸되, 한 계단씩 올라가는 높이에 맞춰 액자를 걸어야 한다. 계단에서 액자틀 아랫면까지의 높이를 측정하고, 그 치수를 기준으로 액자의 중심선을 맞추면 된다.

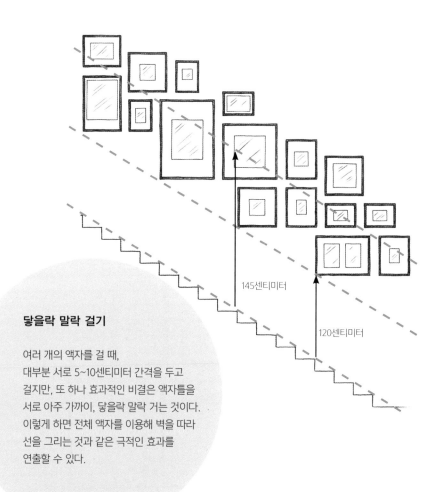

145센티미터

120센티미터

닿을락 말락 걸기

여러 개의 액자를 걸 때,
대부분 서로 5~10센티미터 간격을 두고
걸지만, 또 하나 효과적인 비결은 액자틀을
서로 아주 가까이, 닿을락 말락 거는 것이다.
이렇게 하면 전체 액자를 이용해 벽을 따라
선을 그리는 것과 같은 극적인 효과를
연출할 수 있다.

» 구석에 걸기

소파 뒤의 벽이나 침대 뒤의 벽은 많은 사람들이 거의 본능적으로 액자를 거는 공간이지만, 대부분의 사람들이 액자를 걸 만한 곳으로 생각하지 않는 공간 역시 있다. 예를 들면 구석이다. 그저 비어 있는 구석에 액자를 두면 공간에 새로운 느낌을 만들어낼 수 있다.

» 그 밖에 몇 가지 조언

- 인테리어 스타일리스트들은 왼쪽에서 오른쪽으로 글을 읽는 것과 같은 방식으로 액자를 배치한다. 따라서 상대적으로 더 인상적인 이미지는 벽의 왼쪽에 건다.
- 일반적으로 큰 사이즈의 액자는 시각적인 무게가 벽의 아래쪽에 가도록 배치하는 것이 좋다.
- 소파 뒤에 액자를 건다면, 액자틀의 하단이 소파 등받이 위로 15~30센티미터 높이에 오게 하자. 그보다 내려 걸면, 소파에 앉을 때 액자에 머리를 부딪힐 수도 있다.
- 레스토랑이나 카페에 액자를 건다면, 앉아서도 그림을 즐길 수 있도록 중심점을 약간 낮추는 게 좋을 수 있다.

벽에 못을 박기 전에

벽에 못을 박기 전에 미리 다양한 구성을 테스트해보길 바란다. 여기 몇 가지 방법이 있다.

» 바닥 활용하기

인테리어 디자인을 하려는 공간의 바로 아래 바닥에 액자와 작품을 두고 다양한 구성을 테스트해보도록 하자. 조합하려 생각했던 모든 액자와 예술 작품을 이렇게 저렇게 배치하여 최상의 조합을 찾아내자.

» 테이프 활용하기

새 액자의 포장 안에는 설명서가 들어 있다. 보통 액자의 가로 세로 치수가 적혀 있는데, 그 수치대로 종이를 잘라 액자 사본을 만들어 보자. 만약 설명서가 없다면 종이에 액자를 대고 그려 잘라도 좋고, 줄자 등을 이용해 치수를 잰 후 직접 그려 잘라도 좋다. 그러고 나서 테이프로 액자를 걸고자 하는 벽에 직접 붙여 보자. 만일 벽지를 바른 벽이라면 테이프 선택에 신중하자!

» 모눈종이 활용하기

혹시 이사 전이라 액자를 걸 공간에 직접 테스트할 수 없다면, 모눈종이 등을 이용해 축척을 바꿔서라도 테스트를 해보자.

액자의 소재와 색과 디자인이 섞여도 괜찮을까?

물론이다. 특히 작품이 흑백 사진과 같은 모노톤이라면 더 생생한 느낌을 줄 수도 있다. 그러나 좀 더 편안한 표현을 원한다면 액자의 크기나 모양이 다양하더라도 색상이나 질감 중 한 가지를 통일하는 것이 좋다.

예술 사진을 위한 트릭

예술 사진은 인기가 높지만 비싸다. 적은 예산을 써서 아름다운 그림으로 벽을 장식하고 싶은가? 그렇다면 가장 가까운 서점이나 잡지 코너로 곧장 가길 바란다. 그리고 라이프스타일 혹은 패션 잡지를 사라. 잡지가 클수록 좋고, 용지 또한 광택이 있고 두꺼운 것일수록 좋다. 용지가 튼튼할수록 내구성이 좋기 때문이다. 얇은 종이는 시간이 지나면 우는 경향이 있다.

이제 글이 없는 멋진 이미지를 찾자. 그런 다음 전체 페이지를 뜯어내자. 액자에 매트지가 있다면 그 크기에 맞게 이미지를 반듯하게 자르도록 하자. 만일 손재주가 있다면 빳빳한 종이를 사서 직접 매트지를 만들어도 좋겠다.

만일 큰 사이즈의 예술 작품을 건다면, 약간의 간격이 필요하다는 점을 기억하자. 벽이나 인접한 가구와의 비율 외에 액자와 보는 이의 거리가 적당한지도 체크하자. 또한 가구들이 시야를 방해하지는 않는지도 확인해야 한다.

창 인테리어 디자인

창은 안에서도 보이고 밖에서도 보인다. 그래서 창을 인테리어 디자인할 때
는 안과 밖 모두를 신경 써야 한다. 게다가 창의 생김새는 집집마다 다르기
때문에, 다른 인테리어 디자인 요소보다 조언하기 어렵다. 앞서 스웨덴 주택
스타일 연표에서 살펴본 것처럼 창은 시대와 유행에 따라 외관과 형태가 매
우 다양하다. 가로대가 장착된 1900년대 초의 창은 현대적인 파노라마 창과
는 완전히 다른 선과 비율을 갖고 있다. 창 인테리어 디자인을 고민하고 있
다면 다음 몇 가지 요소부터 차근차근 살펴보도록 하자.

창살과 창틀

먼저 창의 기본적인 사항을 파악하도록 하자. 창틀은 어떤 종
류인가? 이는 유리의 크기, 창틀의 색상, 창살 개수, 외부 치수, 형태와 스타
일을 의미한다. 창틀은 얼마나 복잡하게 만들어졌는지, 그럭저럭 만족하려
면 커다란 유리 한 장만 손보면 되는지, 아니면 신경 쓸 부분이 더 있는지도
살펴야 한다. 이러한 기본적인 것들이 커튼에서부터 화분과 조명에 이르기
까지 거의 모든 것의 치수와 디자인 선택에 영향을 미친다.

창턱과 창턱 선반

오래된 집에는 종종 커다란 창턱이 있는데, 큰 창턱은 여러 가
지 물건을 놓을 수 있다는 장점이 되기도 하지만, 자잘한 소품들을 올려놓아
봤자 여전히 비어 있는 공간에 밀려 제대로 존재감을 발산하지 못 한다는 단
점도 있다. 이곳을 장식할 화분과 램프가 조금 커 보이더라도 걱정하지 말

자. 작은 소품들을 여러 가지 늘어놓는 것보다 몇 개의 큰 물건에 집중하면 더 쉽게 조화로운 전체를 연출할 수 있다. 반대로 창턱이 좁은 경우 소품들이 공간을 더 좁아 보이게 만들 수 있다. 따라서 소품들의 높낮이를 다르게 하면 답답함을 피하고 경쾌한 분위기를 연출할 수 있다. 창턱을 좀 더 적극적으로 활용하고 싶다면 창턱 선반을 설치하는 것도 방법이다.

낡은 장식이나 창틀이 보기 싫을 때

창틀이 낡아서 가리고 싶을 때나 창틀이나 창짝의 장식이 맘에 들지 않을 땐 과감하게 그 외의 것들로 시선을 유도하자. 꽃무늬나 식물 패턴의 커튼도 효과적인 수단이다. 또한 창 주변에 눈길을 사로잡는 화분이나 조명등을 두어 시선을 머물게 하는 것도 방법이다. 만약 창문의 부속 중 마음에 드는 것이 있다면, 그것의 소재적 특성을 이은 화분과 소품을 더함으로써 매력을 더 강조할 수 있다.

전망

창 밖으로 무엇이 보이는가? 시야를 가리고 싶은가? 아니면 더 돋보이게 하고 싶은가? 창 밖 풍경이 액자 속 그림처럼 아름답다면 장식은 불필요하다.

방위

창이 어느 쪽으로 나 있는지부터 확인하자. 예를 들어 창의 방위에 따라 커튼의 색상이나 소재, 빛에 대한 민감도가 달라져야 한다. 특히 식물은 방위에 아주 민감하다. 창의 방향에 따라 적절한 선택을 하면 인테리어 디자인이 한결 쉬워진다.

비율

창이 크면 스타일링도 더 과감해질 필요가 있다. 커다란 창에 너무 작은 화분이나 소품을 배치하면 어수선한 느낌이 든다.

배치

비슷한 물건 여러 개를 한 줄로 놓을 때 리듬감이 생기는 일은 거의 없다. 만일 창의 인테리어 디자인이 단조롭다면, 뻔한 반복과 대칭 때문일 확률이 높다. 화분의 위치를 잡을 때는 일렬로 나열하는 대신, 서로 불규칙하게 간격을 두고 있는 하나의 무리로 만든다. 높이와 형태에 리듬감을 주는 것도 잊지 말자. 대조도 나쁘지 않은 방법이다. 둥근 것은 각진 것과, 부드러운 것은 단단한 것과 조합하자.

높이 변화

창 주변에서 다양한 높이의 소품을 이용해 율동감을 이끌어내는 데 성공한다면 창이 더욱 흥미롭게 보일 것이다. 창턱에 놓은 화분 속 식물 넝쿨이 바닥을 향해 내려오거나, 커튼 봉까지 오른다면 공간엔 생기가 가득할 것이다. 물론 이때도 단정한 모양새의 다른 화분을 함께 배치하면 더 재밌다. 너무 단조로워 보이는 창문 앞에는 잎이 무성한 키 큰 나무를 두면 활기가 들어찬다. 다른 모양, 다른 재질의 소품으로 역동성을 증폭하고 싶다면, 촛대가 제격이다. 클롱(Klong, 스웨덴의 인테리어 디자인 관련 상품 전문 기업)의 촛대 글로리아(Gloria)는 둥근 링 형태라는 이유로 인기가 있다. 스쿨투나(Skultuna, 1607년 설립된 스웨덴의 인테리어 디자인 상품 전문 기업)의 고전적인 릴리안(Liljan) 촛대와 독일의 디사이너 한스 나겔(Hans Nagel)이 만든 모듈식 촛대도 얕은 창에 적합하다.

조명등과 조명

조명은 창의 인테리어 디자인에서 가장 중요한 요소라 해도 지나치지 않는다. 특히 겨울엔 적절한 조명이 창가를 장식할 때 더 편안하고 아늑한 느낌을 받는다. 창턱을 이용해 조명등을 설치하고자 한다면 떨어질 위험이 없도록 창턱의 폭을 측정하여 전등갓의 크기를 선택해야 한다. 각 공간의 용도에 따라 테이블 조명등이나 플로어 조명등 같은 세우는 형태의 조명등과 펜던트 형태의 조명등을 적절하게 조합하면 더욱 좋겠다. 어린아이가 주로 머무는 방에서는 세우는 형태의 조명보다는 펜던트 조명이 더 실용적이다. 아이가 전선에 걸려 넘어질 수 있기 때문이다. 만일 창 상단에 전기 콘센트가 없다면 흰색 스테이플이 달린 전선 고정 못으로 작업하자. 로만 블라인드나 블라인드가 있는 방에서는 펜던트 조명이 비실용적일 수 있다. 이때에는 스탠드 조명등이 더 기능적이다.

장식

창이 커다란 사각형 모양인 집에서는 자연스러운 곡선이나 불규칙한 윤곽선을 이용해 시각적으로 지나치게 딱딱한 선을 끊어주는 것이 좋다. 자연스럽게 쌓인 책 더미, 질감과 형태가 부드러운 조형물이나 꽃병 등을 활용하면 된다.

커튼

옷과 패션과 마찬가지로 커튼에도 유행이 있다. 길이, 볼륨, 재단 등 취향만큼 스타일도 제각각이다. 이 책에서는 취향이나 유행에 상관없이, 언제든 적용할 수 있는 기본 지침을 다루도록 하겠다.

창에 커튼을 치는 데에는 심미적인 이유가 크겠지만, 일차적으로 커튼은 창으로부터 스며드는 바람과 추위를 막아준다. 단열 상태가 좋지 않은 집에서 커튼은 더욱 효과적이다. 물론 빛을 차단하고 공간을 어둡게 해 텔레비전이나 모니터의 눈부심을 막는 데도 효과적이다.

커튼은 어떤 색, 소재, 무늬를 선택하느냐에 따라, 공간의 분위기를 다양하게 연출해준다. 두꺼운 벨벳 커튼은 얇고 가벼운 직물과는 완전히 다른 묵직한 느낌을 주며, 무늬가 있는 직물 커튼은 포인트가 되는 벽과 같은 효과를 줄 수도 있다. 스타일리스트는 커튼을 활용해 창이나 방 전체를 더 크게 혹은 더 작게 보이게도 한다.

현대식 주택은 예전만큼 단열과 환기를 걱정할 필요가 없지만, 최근 몇 년간 창과 유리가 커지면서 커튼에 다른 과제가 부여되기 시작했다. 특히 주택이 밀집된 지역에서는 큰 창이 독립성을 해치기도 하기 때문이다. 이때 얇고 가벼운 직물의 커튼은 일광을 막지 않으면서 사생활을 보호해주는 훌륭한 역할을 한다. 이뿐만이 아니다. 빛과 바람의 흐름에 따라 너울거리는 커튼과 그 그림자는 보는 이의 마음을 편안하게 해주고 삭막한 공간도 부드럽게 바꿔준다. 한편 커튼은 거북한 음향을 완화해 더 조화로운 소리 환경을 만들어주기도 한다. 가구나 의류, 바닥, 벽지가 강한 햇빛에 탈색되는 것도 막아준다.

레일과 봉

커튼 봉은 설치가 쉽다. 보통은 창의 양쪽 벽이나 천장을 이용해 봉을 지지한다. 마무리 장식이 눈길을 끄는 봉도 있고, 수수해서 배경에 자연스럽게 묻히는 봉도 있다. 커튼 봉의 장점은 비교적 쉽게 너비를 조정할 수 있다는 것이다. 이사를 하더라도 커튼 봉은 쉽게 철거할 수 있고 다시 설치하는 과정도 어렵지 않다. 단순한 끈, 커튼 천에 재봉된 구멍, 집게 달린 링 등 커튼을 봉에 거는 방법도 쉽고 선택지도 다양하다.

그러나 최근에는 레일 사용이 조금씩 늘어나고 있는 추세다. 레일은 커튼 봉과 같이 브래킷으로 벽에 부착할 수도 있고, 커튼 박스에 설치할 수도 있다. 레일 커튼은 종종 벽과 같은 느낌으로 연출된다. 구석까지 완벽하게 차폐할 수 있기 때문이다. 레일은 원하는 너비로 자를 수도 있고, 주문 제작을 할 수도 있다. 레일 자체는 특별한 디자인이 가미될 요소가 없다. 커튼을 걸면 레일이 노출되지 않기 때문이다. 또한 레일을 사용하면, 비치는 얇은 직물의 커튼과 두꺼운 암막 커튼을 겹쳐서 설치하기가 수월하다. 실용성과 심미적인 측면에서 모두 효과적이다.

 집 안에 두른 몰딩이 아름답다면, 커튼으로 몰딩을 숨기지 않는다. 봉이든 레일이든 커튼을 걸 때 신경 쓰도록 하자.

커튼 봉의 길이와 높이

커튼 봉의 적당한 길이와 높이는 얼마일까? 커튼 봉을 고정할 브래킷을 설치할 지점부터 설명하자면, 가로는 창틀 전체 너비에서 양쪽으로 각각 10센티미터를 더한다. 높이는 창틀 전체 높이보다 10센티미터 정도 높으면 된다. 최소 권장 치수다. 즉 창틀이 끝나는 지점에서 좌우 양쪽으로 10센티미터를 더하고, 위쪽으로 10센티미터를 더한 지점에 브래킷을 설치하면 된다.

창이 더 큰 느낌이 들기를 바란다면, 가로와 세로 모두 10센티미터 이상의 수치를 적용할 수 있다. 이때에는 커튼 봉이 인접한 벽이나 가구에 닿지 않는지 체크하자. 요즈음에는 커튼 봉이 창틀 양쪽으로 30~40센티미터 튀어나오게 하는 것이 보통이다. 커튼 봉이 길고 커튼이 무거우면 당연히 브래킷이 더 많이 필요하다.

레일을 설치할 때도 동일한 원리를 사용할 수 있다. 레일이 한쪽 벽에서 맞은편 벽까지 가야 한다면, 당연히 창문이 있는 벽 전체 너비를 기준으로 해야 한다. 천장에 레일을 고정할 때는 레일을 벽에 너무 붙이지 않도록 하자. 커튼이 벽에 눌리지 않고 자연스럽게 접히려면 여유 공간이 필요하기 때문이다. 또한 아무 저항 없이 열고 닫을 수 있어야 한다. 나사 또는 브래킷으로 레일을 안전하게 지탱하는 것은 기본이다.

커튼의 너비

커튼 천이 얼마나 필요한지 가늠할 때, 흔히 하는 실수 한 가지는 창의 너비로 계산하는 것이다. 커튼 봉 또는 레일의 전체 길이를 측정하고, 여기에 여러분이 원하는 커튼 접힘 횟수와 접히는 깊이에 따라, 보통

1.5 또는 2를 곱한다. 나는 레일이 1미터라면 2미터의 직물이 필요하다고 생각한다. 내가 '생각'이라고 굳이 말한 이유는 인테리어 디자이너마다 약간씩 차이가 있기 때문이다. 한편 무늬가 있는 직물로 커튼을 재봉한다면, 커튼을 걸었을 때의 온전한 무늬까지 고려하는 것이 중요하다. 무늬 전체의 치수도 표기되어 있으니, 구매할 때 꼭 체크하도록 하자.

커튼의 길이

커튼의 길이와 너비는 취향의 문제이며 스타일과 표현에 따라 다양하다. 다음은 가장 보편적인 치수다. 결정에 참고하자.

» 중간 길이 커튼

창틀이나 창턱 아래 2~3센티미터.

» 긴 커튼

다양한 의견이 있지만, 일반적인 조언은 커튼 길이를 너무 짧게 하지 말라는 것이다. 커튼 제작 전문가들은 대체로 길이를 바닥에서 2~3센티미터 높이에 맞추라고 한다. 하지만 바닥과 아슬아슬하게 맞닿은 느낌을 주려면 1센티미터 정도 높이가 좋다. 그렇게 하면 커튼이 바닥에 끌리지 않고 바닥과 닿을락말락 편하게 된다. 또 다른 조언은 커튼이 바닥에 흘러서 웅덩이처럼 보일 정도로 길게 해도 괜찮다는 것이다. 이 경우 그 설정이 의도적인 설정으로 보이도록 제대로 해야 한다. 그렇지 않으면, 커튼을 대충 건 것처럼 보일 위험이 있다.

커튼을 원하는 길이로 짧게 만들고 싶을 때 열 접착식 테이프를 사용하면 재봉틀이 필요 없다. 가위와 다리미만 있으면 해결된다.

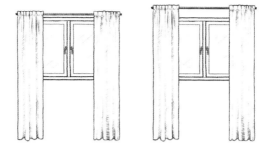

커튼 봉을 창틀 가장자리에 너무 가까이 설치하지 않는다. 창이 작아지기 때문이다. 창틀에서부터 천장까지의 거리에 따라 다르지만, 설치 높이는 창틀로부터 적어도 10센티미터 위를 권장한다.

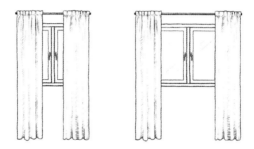

창틀 양쪽으로 여분을 주어 커튼봉이나 레일을 더 넓게 단다. 물론 커튼의 가로 폭도 넓게 잡는다. 창이 실제보다 더 큰 것과 같은 효과를 얻을 수 있다.

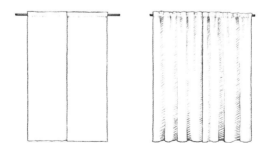

커튼 천을 아끼지 않는다. 커튼 봉의 길이에 1.5 또는 2를 곱한다.

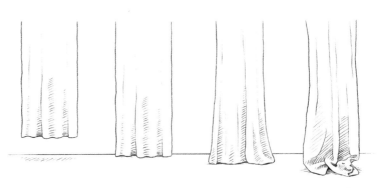

bad	good	bad	good
천이 충분하지 않다는 느낌을 줄 수 있다.	커튼이 바닥에 입을 맞춘다. 주문해서 맞춘 느낌.	커튼이 바닥을 쓴다. 지저분하거나 마무리가 시원찮은 것처럼 보일 수 있다.	나쁘지 않다. 주름이 자연스럽다. 여유로운 느낌.

레일 덮개

창의 크기와 얼마나 많이 덮기를 원하는지에 따라 다르겠지만, 재봉이 완성된 커튼레일 덮개는 대개 40~45센티미터 정도다.

커튼 밑단을 이중으로 접어 마무리를 하면, 커튼 밑단에 무게감이 실려 더 아름답게 바닥에 드리워진다. 얇은 커튼이 더 멋지게 달리길 원한다면 커튼 밑단의 가장자리에 커튼용 추를 넣을 수도 있다.

공간별 창문 스타일링

각각의 공간에 따라 어울리는 창의 스타일도 다르다. 원하는 느낌은 강화하고, 지우고 싶은 분위기는 완화하는 공간별 창문 스타일링 요령을 정리했다.

욕실

타일로 마감한 습식 욕실은 종종 딱딱하고 단조로운 느낌을 준다. 공간의 여유가 있다면 녹색 식물과 그 밖의 작은 소품을 배치하자. 나는 그늘진 욕실 창에 내가 좋아하는 향수들로 정물을 구성했다. 사용하기 편리하기도 하고, 눈길을 사로잡기도 한다. 만일 여러분도 똑같이 하고 싶다면 욕실 창이 어느 방향으로 나 있는지만 체크하면 된다. 만일 낮 동안 해가 들어서 그 자리를 뜨겁게 한다면, 크림이나 향이 상할 수도 있으니 말이다. 욕실 창이 크다면 블라인드나 커튼도 고려 대상이다. 사생활 보호 차원에서 시선을 차단하는 필름이나 액자 같은 것들을 생각해볼 수도 있겠다.

주방

주방의 창문에 창턱이 있으면 장식을 하기에도 좋고 실용적으로 수납을 하기에도 편하다. 조리대와 식탁, 창문의 위치에 따라 무엇을 어떻게 배치하고 연출할지가 다르겠지만, 화분과 함께 가까이 두고 싶은 물건들을 비치하자. 요리용 절구, 예쁜 물병, 저울, 도자기 그릇 또는 토마토가 담긴 접시 등은 모두 화분과 잘 어울린다.
조리하면서 발생하는 냄새나 화재 위험 때문에 천장에서 바닥까지 떨어지는 넉넉한 커튼은 부담스럽다. 커튼 스타일링 역시 공간의 형태와 창문의 위치에 달려 있다. 한 가지 힌트는 집 전체의 인테리어 디자인 스타일이나 집이 건축된 시기의 유행과 양식을 고려해보라는 것이다. 주방이 비스트로(규모가 작은 프랑스식 식당)풍이라면 창의 절반만 가리는 고전적인 카페 커튼이 어울릴 것이고, 전원풍이라면 로만 블라인드가 적합할 것이며, 창이 조리대 쪽보다 식탁과 더 가깝다면, 좀 더 과감하고 긴 커튼도 어울릴 것이다.

거실

거실 커튼은 일광을 가리기 위해 크고 넉넉한 게 일반적이다. 거실은 용도가 다양한 공간이니 만큼 빛을 걸러내고 밖으로부터 시야를 차단하기 위한 얇은 천으로 된 커튼과, 영화를 보거나 비디오 게임을 할 때 어둡게 하기 위한 더 두꺼운 천으로 된 커튼을 이중으로 다는 것이 좋다. 창 크기에 따라 책, 꽃병, 식물 등으로 작은 정물을 만들어 보는 것도 권하고 싶다.

침실

많은 사람들은 편안하고 느긋하게 하루를 시작하고 마무리하기 위한 공간으로 침실을 생각하며, 그렇기 때문에 그 어떤 공간보다 침실이 아늑하고 평화롭기를 원한다. 그래서 나는 늘 침실 창문용으로 외부 소음을 어느 정도 차단하면서 아늑한 느낌을 주는 직물 커튼을 권한다. 천장에서 시작해 바닥까지 떨어지는 길고 넉넉한 커튼은 소리를 낮춰주고 훈훈한 실내의 공기를 지켜준다. 방이 넓다면 대형 녹색 식물을 하나 두는 것도 좋다. 천장 조명과 독서용 조명을 보완해주는 분위기 조명도 효과적이다. 밝기를 조절할 수 있는 침실 창가의 조명은 저녁 시간의 평온한 분위기는 물론 부드러운 하루의 시작을 선사해준다.

작업실 혹은 서재

작업실이나 서재에 어떤 커튼이 가장 적합한지는 방위에 따라 다르다. 내 작업실은 북동쪽에 있는데, 컴퓨터 앞에서 작업할 때, 모니터에 비치는 빛을 차단하면서도 작업실 안으로는 부드러운 빛이 들어오게 하기 위해, 금속 블라인드 대신 주름이 있는 흰색 천 커튼을 달았다. 커튼 위에는 직선 모양의 커튼 덮개도 설치했다. 창턱에는 녹색 식물, 작업 도구(펜, 붓, 자가 들어 있는 금속제 상자)로 이루어진 작은 정물을 배치했다. 가족사진도 한몫한다. 긍정적인 감정을 유발하는 물건들, 작업실이나 서재에 있는 게 자연스러운 소품들로 장식하는 게 팁이다.

아이 방

어린 아이들이 쓰는 방에는 보통 창턱에 물건을 올려 스타일링 하는 것은 추천하지 않는다. 조명등은 떨어질 수 있고, 식물은 어린 아이가 잎을 따 입에 넣을 수도 있기 때문이다. 그래도 창턱을 장식하고 싶다면 장난감, 책, 레고 창작품, 퍼즐 등을 활용하도록 하자.
리듬감을 만들어내는 비결을 소개하자면, 펜던트 조명, 거는 화분, 빛을 산란하는 아름다운 모빌 또는 방에 그림자를 드리우는 끈 달린 작은 모형 등을 창 위쪽에 매다는 것이다.

창문과 식물 인테리어

창가에 화분을 두고 싶다면 선택한 식물의 생장에 무엇이 필요한지부터 체크한다. 인테리어 디자인에 활용하는 대부분의 식물이 빛과 온도와 습도가 다른 세계 각지에서 유래되었기 때문이다. 그러니 집의 환경을 잘 파악하고 그에 맞는 식물을 선택해야 한다. 특히 창가에 식물을 둘 때는 방위를 확인해야 한다. 한낮의 빛과 온도는 방위에 따라 완전히 다르다.

북쪽 창 — 시원하고 그늘이 진다

꽃이 없는 녹색 식물과 크고 부드러운 잎이 있는 식물을 고른다. 다른 식물에 비해 빛이 덜 필요하고 그늘진 곳에서도 잘 견딜 수 있는 식물을 선택한다.

북쪽 창 주변에서는 식물을 너무 안쪽으로 들여놓지 않는다. 식물이 생장하기에 너무 어두울 수 있다. 모든 식물에겐 광합성을 위한 빛이 필요하다.

남쪽 창 — 많은 빛, 때때로 강한 빛

높은 온도와 빛을 좋아하는 식물을 선택한다. 얼룩덜룩하고 무늬가 있는 잎이 달린 식물에겐 보통 밝은 장소가 적합하다. 잎에 흰색이 많을수록 햇빛이 더 잘 드는 곳에 있어야 한다. 건조한 사막 지역 식물들(예를 들어 선인장, 다육 식물, 가시나 솜털이 나 있는 식물들)처럼 잎이 두꺼운 넓직한 열대 식물 역시 남쪽 창에 어울린다.

화창한 날과 여름에는 남쪽 창 주변이 뜨거울 수 있다. 더 자주 식물에 물을 줘야 하지만, 잎 표면에 물기가 남아 있으면 잎이 탈 수도 있으니 주의한다.

동쪽과 서쪽 창 ― 많은 빛 그러나 한낮의 강한 빛은 없음

여기에서는 대부분의 식물이 잘 자라는 편이다. 선택 가능한 식물이 많다. 점검해야 할 곳은 오히려 창밖이다. 커다란 건물이나 큰 나무 또는 그늘지게 하는 발코니가 있어 빛이 모자라지는 않는지 살펴본다.

식물들이 실내에 있다고 해서 계절의 변화를 무시해선 안 된다. 1년 내내 꽃이 피는 식물은 없다. 식물 역시 겨울에는 휴식을 취한다. 일종의 휴면 상태라 생각하면 될 듯하다. 예를 들어 제라늄은 다음해 새싹을 틔우고 푸르게 성장하려면, 겨울을 어둡고 서늘하게 나는 것이 좋다. 여름 커튼과 겨울 커튼을 따로 두는 것처럼 집 안에 여름 꽃 한 세트와 겨울 꽃 한 세트를 함께 두는 것도 센스 있는 인테리어 방법이다.

소음 문제 해결

아파트는 생각보다 소음이 심하다. 오히려 신축 아파트일수록 심하기도 한데, 개방감을 위한 설계와 단단한 구조물이 소리가 진동하기 더욱 좋은 조건을 제공하기 때문이다. 소음 발생의 원리와 그것을 완화하는 인테리어 디자인 방법을 살펴보자.

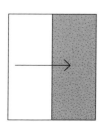

흡수

소리 반사를 완화하기 위해서 흡음재를 사용할 수 있다. 흡음재로 마감한 표면은 소리를 반사하지 않고 삼킨다. 하지만 방음이 너무 잘 되는 방은 답답한 느낌이 들 수도 있다. 어느 정도 균형을 맞추는 것이 좋겠다.

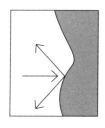

확산

소리를 흡수하는 대신 소리를 분산시켜 여러 방향으로 퍼뜨릴 수도 있다.

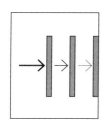

완화

가구나 패널을 이용해 공간을 더 작은 공간(이른바 음향 구역)으로 나눠 음파를 완화할 수 있다.

직물

　　　부드러운 직물은 흡음 효과가 있다. 커튼, 쿠션, 담요, 식탁보, 태피스트리나 패브릭 포스터 등을 적극적으로 활용하자. 직물이 크고 두꺼울수록 효과가 더 좋다. 촘촘하게 짠 울, 벨벳 같은 직물을 떠올리면 된다. 천장에서 바닥까지, 이른바 호텔 커튼처럼 장식하는 것도 방법이다. 이중 커튼을 선택한다면, 빛을 걸러 내고 외부로부터의 시야를 가리기 위한 얇은 천과, 그 위에 빛을 차단하는 두꺼운 천을 겹으로 사용할 수 있다. 최상의 효과를 얻으려면 커튼을 벽에서 적어도 10센티미터는 떼어서 걸어야 한다. 커튼의 주름이 깊고 많을수록 소음을 더 잘 막아주기 때문이다.

책장

　　　책으로 채워진 책장은 아주 훌륭한 소음 차단 장치다. 책과 나무라는 소재 자체와 불규칙한 형태 덕분에 책장은 소리를 반사하는 대신 끊어지게 한다. 특히 개방된 공간에서 책장은 공간 분할 역할을 하며 소리의 흐름을 차단한다.

가구

　　　소파, 안락의자, 쿠션형 스툴처럼 푹신하게 속이 채워진 가구는 특히 저음을 완화해준다. 등받이가 달린 가구 역시 음파를 흡수해 개방형 공간에 방음벽을 만든다. 가구의 배치도 신경 쓰기에 따라 소음을 조금이나마 줄여준다. 서로 마주보고 있는 소파 두 개가, 벽에 딱 붙어 있는 커다란 소파 하나보다 소음 문제 해결엔 효과적이다.

깔개

깔개(러그, 매트, 카펫)는 마룻바닥 위를 오가는 걸음 소리를 낮춰준다. 긴 파일이 촘촘하게 달린 러그와 매트, 바닥 전체를 덮는 카펫은 침실과 놀이방에서 사용하기 좋은 흡음재다. 되도록 두꺼운 모델을 추천한다.

식물

잎이 큰 녹색 식물은 창과 같은 크고 단단한 유리에 소리가 반사되어 튕겨 나오는 것을 약간이나마 막아준다. 특히 구석진 곳에는 나무나 덩굴 식물이 심겨진 대형 화분을 배치하는 것을 추천한다.

연성 소재와 경성 소재

단단한 가구, 금속 재질의 전등갓, 유리 진열장 또는 돌이나 유리로 된 탁자 상판은 소음을 증폭한다. 새 집이라면 더욱 부드러운 소재의 가구나 소품을 들이는 것을 권장한다. 소음이 심각한 상태라면, 천장과 벽, 또는 큰 탁자 상판 아래에 흡음판을 설치하는 것도 생각해볼 일이다.

음악

호텔이나 상점, 레스토랑은 좋은 분위기를 만들기 위해 음악을 활용한다. 달그락거리는 소리와 주위를 둘러싼 사람들의 떠드는 소리에도 불구하고 이런 곳에서 흐르는 부드러운 배경음악은 소음으로부터 벗어나 그 공간에 대한 긍정적인 느낌을 심어주곤 한다. 집에서도 이와 같은 방식을 시도해볼 수 있다. 고요한 분위기의 음악을 배경으로 두고 생활하면 신경에 거슬리는 소리는 어느 순간 사라지기도 한다.

생활을 방해하는 소음의 예

- 현관문과 방문, 옷장 문, 주방 찬장과 서랍이 부딪치며 내는 소리
- 바닥에서 나는 걸음 소리
- 의자 끄는 소리
- 냉장고, 냉동고, 식기 세척기, 세탁기 같은 백색가전에서 나는 소리
- 환기 시스템, 에어컨, 선풍기 소리
- 배수구에서 나는 소리와 보일러나 온수기, 라디에이터 소리
- 컴퓨터와 전자제품의 진동음
- 교통 소음 등 집 바깥에서 들려오는 각종 소음
- 인접한 방에서 나는 소리

공간의 한계를 극복하는 팁

현재 살고 있는 집에 100퍼센트 만족하는 사람은 거의 없다. 어떤 사람들은 집이 너무 좁다고 하고, 어떤 사람들은 층고가 낮다고 한다. 또 어떤 사람들은 집이 너무 비어 있는 느낌이라 허전하다고 하고, 반대로 짐이 너무 많아 정리가 되지 않는다며 불평하기도 한다.

내게 오는 고객들은 대부분 작은 공간을 어떻게 크게 보이게 할 수 있는지를 주로 상담하지만, 간혹 정반대의 컨설팅, 즉 휑한 공간을 아늑하게 만드는 비법을 찾는 고객들도 있다. 여기에서는 공간의 느낌, 특히 공간의 넓고 좁음, 크고 작음을 조절하는 실용적인 트릭을 소개하도록 하겠다. 일종의 감각을 속이는 방법이다.

공간을 넓게 보이도록 만드는 방법

면적과 부피, 이 두 가지 느낌을 동시에 개선해야 한다. 더 여유로운 공간감을 연출하기 위해 여러분이 할 수 있는 일은 생각보다 다양하다.

» 밝은 컬러 사용하기

벽과 천장의 색이나 가구를 고를 때 되도록 가볍고 밝은 색상을 선택한다. 밝은 색은 실내 공간이 더 크게 느껴지게 만든다.

» 시원한 창과 자연광

가구로 창을 막는 것은 가장 어리석은 일이다. 빛보다 좋은 인테리어 디자인은 거의 없다. 가구가 창문을 조금이라도 가린다면 배치를 다시 생각하자.

» 적당한 크기와 비율

가구가 과하게 놓였다는 느낌이 들면 인테리어 디자인은 실패다. 창을 가리지 않더라도 너무 커서는 곤란하다. 면적과 부피 모두에 해당하는 사항이다. 이 책의 2장에서 다룬 '삼등분 법칙'과 '크기와 비율의 변주'를 참고하길 바란다.

» 가벼운 직물과 가구

어둡고 무거운 직물은 전체적인 분위기를 가라앉혀 가뜩이나 비좁은 공간을 더욱 좁게 느껴지게 한다. 반면 밝고 비치는 천은 가벼운 느낌을 준다. 이에 대한 자세한 내용은 '시각적 무게' 부분(42페이지)을 참조하자.

» 선으로 만드는 착시 현상

수직선은 천장 높이가 실제 높이보다 높은 느낌이 들게 하는 반면, 수평선은 공간을 넓어 보이게 만든다. 따라서 천장이 높아 보이길 바란다면 높이가 높고 너비가 좁은 수납장을, 공간이 넓어 보이길 원할 땐 낮고 넓은 수납장을 배치하자. '선으로 부리는 마법' 부분을 다시 한 번 읽어보길 바란다(38페이지).

» 거울로 속이기

거울은 실내를 더 넓어 보이게 만드는 멋진 수단이다. 또한 창문을 마주하는 벽에 놓인 거울은 방에 빛을 퍼뜨린다. 거울이 클수록 효과도 크다.

» 구석 강조하기

구석은 조명을 환하게 밝히거나 무엇인가로 장식하면 빈 공간으로 남겨둘 때보다 훨씬 더 넓게 보인다. 인테리어 디자인 전문가들이 즐겨 쓰는 방법이다.

» 원근감이 느껴지는 그림 액자 이용하기

원근감이 있는 풍경화나 집중선이 쓰인 미술 작품은 벽에 깊이를 더한다. 또한 작품 속 깊이는 실제 공간과 연속되어 사람들로 하여금 공간을 더 크게 인식하도록 유도한다.

» 깊이가 얕은 서랍장과 책장

가능하다면 깊이가 더 얕은 책꽂이, 사이드 테이블, 서랍장을 구해보자. 요즘에는 표준 치수보다 더 얕은 깊이의 장들을 비교적 쉽게 구할 수 있는데,

이 역시 눈을 현혹시키기에 훌륭한 수단이다. 실제로 아파트 모델하우스 같은 곳에서는 표준 사이즈보다 작게 만들어진 가구를 배치해 같은 평수의 아파트를 더 크게 보이도록 연출하기도 한다. 예를 들어 깊이가 60센티미터인 서랍장 대신 30센티미터 또는 40센티미터짜리 장을 구매하자. 별 것 아닐 것 같지만 좁은 공간에서는 아주 큰 차이를 만든다.

» 바닥 공간에 여유를

바닥에 빈 공간이 있으면 한결 여유롭다. 바닥이 많이 눈에 들어오는 공간은 실제보다 더 큰 느낌이 든다. 이것은 많은 부동산중개업체가 쓰는 트릭이다. 부동산 매매를 위한 사진에는 깔개가 없다. 게다가 실생활에서보다 적게 놓인 가구로 인해 방은 실제보다 더 커 보이고 바람까지 잘 통하는 듯 보인다. 착시를 만들어내기 위해 선반을 적극 활용할 수도 있고, 테이블 상판을 유리로 바꿀 수도 있다. 의식적으로 가구를 배치하자. 가구와 가구 사이에 말 그대로 바람이 지나도록 하면 된다.

» 죽은 공간 활용하기

공간이 다소 협소하더라도, 보이지 않는 작은 공간까지 알뜰하게 찾아내 사용할 수 있다면 문제 될 게 없다. 침대 아래, 옷장 위, 주방 찬장 안, 소파 아래, 욕실 세면대 아래, 방문 뒷면 같은 죽은 공간을 최대한 활용하자. 작은 사이즈의 서랍장, 바구니, 수납함 등을 붙박이장 안에 넣어 숨겨진 수납 공간을 확보하는 것도 적극 궁리해보자.

공간을 아늑하게 보이도록 만드는 방법

건설회사에 특강을 하러 가거나, 살던 집보다 더 넓은 집으로 이사를 가게 된 사람들과 이야기를 나누다보면 뻥 뚫린 개방형 공간, 즉 회사의 휴게실이나 스튜디오, 주택의 거실 등을 어떻게 하면 편안하고 아늑하게 연출할 수 있는가에 관한 질문을 많이 받게 된다. 현대의 많은 공간은 개방적이고 통풍과 채광이 좋은 반면에 아늑한 공간을 만드는 데 있어서는 아무래도 어려움이 있다.

그런 공간을 더 친근한 분위기로 만드는 비결은, 앞서 말한, 공간을 넓게 보이게 하는 방법과 정확하게 반대되는 아이디어라 할 수 있다. 더 어두운 컬러를 선택하고, 거울을 피하며, 휑한 느낌을 줄이는 무늬 벽지로 장식하자. 또한 탁 트여서 넓은 대신 내벽이 없다는 단점이 있으므로 이를 극복하기 위한 가구 배치도 신경 써야 한다.

» 구역 나누기

주방, 다이닝룸, 거실과 같은 기능 공간 사이에 자연스러운 경계가 없다면, 구역별로 벽면의 색을 달리하거나 가구를 명확한 그룹으로 나눠 배치해 구역을 나눌 수 있다. 페인트, 벽지, 러그 같은 것들을 이용해 시각적 구분을 하거나, 긴 서랍장이나 사이드 테이블 같은 가구를 이용해 공간을 구분하면, 방 안에 또 다른 방이 있는 듯한 효과를 낼 수도 있다. 각 구역의 주요 기능(요리, 식사, 사교, 휴식)에 최적화된 공간을 설계하도록 하자.

» 안에서부터 바깥으로 가구 놓기

공간이 넓으면 가구의 치수나 가짓수에 제한을 덜 받는다. 당연히 배치도 더 자유롭다. 방 한가운데에서 시작해서 바깥으로 나아가며 가구를 놓을 수도 있고, 벽을 따라서 가구를 놓는 대신 몇 개를 모아 섬처럼 배치할 수도 있다.

» 구역마다 다른 조명 설계

아늑한 느낌을 원할 때는 부드러운 조명이나 조도가 낮은 조명이 큰 도움이 되므로 되도록 조광 기능이 있는 조명등을 구입하고 그러지 않을 경우엔 조광기를 따로 구입하도록 한다. 조명은 개방된 넓은 공간에서도 아늑한 은신처를 만들어준다. 공간이 하나라고 해서 하나의 조명 단위로 보지 말고, 각각의 구역이 분리될 수 있도록 구역별로 조명을 설계한다. 테이블 위로 펜던트 조명등을 달고, 조명등에서 퍼지는 불빛이 여러분이 만들고 싶은 구역을 명확하게 구분하는지 확인하도록 하자.

» 직물의 도움

넓은 공간에는 풍성한 양의 직물을 활용하는 인테리어 디자인을 한다. 천은 차갑고 딱딱한 느낌의 벽이나 바닥, 가구를 부드럽게 해주고, 휑한 공간 특유의 울림을 없애 네모반듯한 공간에 온기를 불어넣는다.

» 머리 위 디자인하기

실험적이지만 상당히 효과적인 방법이다. 용기를 내서 시도해보자. 그러면 공간의 느낌이 훨씬 더 포용적으로 변할 것이다. 나는 천장 높이가 4미터인 오래된 공장 건물을 개조한 스튜디오를 인테리어 디자인할 때, 머리 높이까지만 디자인이 된 공간보다는 수직의 공간을 전부 활용한 공간이 더 아늑하다는 사실을 알게 되었다. 그리하여 천장까지 쭉 올라가는 거대한 사진 액자 벽을 만들고, 사람들이 보통 설치하는 높이보다 훨씬 더 높은 곳에 선반을 설치했는데, 예상은 적중했다. 일반적인 높이와 길이로 배치했을 때와는 완전히 다른 아늑함이 그 넓은 공간에 채워졌다.

» 입구를 등지고 소파를 놓는 것은 피하자

인테리어 디자이너와 스타일리스트는 절대로 입구를 등지고 소파를 놓지 않는다. 소파에 앉아 있을 때 등 뒤에서 일어나는 일을 볼 수 없다는 것 자체가 불안감을 유발하기 때문이다. 이는 아늑함, 편안함, 안정감과는 가장 동떨어진 정서다. 2장의 '아이소비스트'에 관한 부분(64페이지)을 참조하자.

» 볼링장은 금물!

가구를 벽에 붙여 놓는 일은 생각보다 흔하다. 이는 종종 공간 한가운데를 제대로 사용하지 못 하는, 마치 볼링장이나 무도회장 같은 결과를 초래한다. 소파를 벽에 붙이고, 거실장이나 TV장을 또 벽에 붙이고…. 흔하게 볼 수 있는 광경이다. 공간 꾸미기에 대한 고정관념을 버리자. 편견을 버리고 새로운 해결책을 찾아보자. 가구 배치도 자주 하다보면 요령과 센스가 생기기 마련이고, 기존엔 생각하지 못 했던 창의적인 배치가 떠오를 수도 있다.

책장 스타일링

책장은 대개 어느 공간에서든지 가장 키가 큰 가구 중 하나여서 눈에 잘 띌 수밖에 없다. 그래서 책장이 만족스럽지 않으면 다른 어떤 것보다 신경이 쓰이는데, 책을 꽂든, 다른 장식품을 올려 두든, 아니면 둘 다를 원하든 상관없이 책장을 보기 좋게 정리하는 몇 가지 방법을 소개하도록 하겠다.

» 알파벳 순서로 정리

저자의 성에 따라 알파벳 순서로 책을 분류하는 일은 가장 논리적인 모델이며, 책이 많고, 책장도 크고, 특정한 타이틀을 빨리 찾을 필요가 있는 사람들에게 효율적이다. 소설책이나 시집은 거의 크기가 같은데, 이처럼 특정 장르의 책들이 거의 대부분이라면 알파벳 정리법이 무난하다. 이어 소개하는 방법들과 함께 사용해도 무리가 없다.

» 크기 순서로 정리

책의 크기가 들쑥날쑥하고, 굳이 알파벳 순서나 장르별로 정리할 필요가 없다면, 책 높이에 따라 분류하는 것을 권하고 싶다. 눈이 확실히 편해지기 때문이다. 작은 책에서 큰 책으로, 또는 그 반대로.

» 한가운데가 가장 높거나 가장 낮게 정리

크기 순서 정리법의 한 가지 변형은 가장 높은 지점이나 가장 낮은 지점을 한가운데로 하는 것이다. 가장 높이가 낮은 책이나 가장 높이가 높은 책을 중심에 놓음으로써, 하나 또는 여러 개의 선반에서 훌륭한 리듬을 만들 수 있다.

» 북엔드로 사용하는 책

책장 한 칸 전체를 책으로 채울 만큼 책이 충분하지 않다면, 책들이 북엔드 역할을 할 수 있도록 책 몇 권을 책등이 앞에서 보이도록 눕혀 쌓도록 하자.

» 무지개 분류

2~3년 전 색에 따라 정리한 책장이 소셜 미디어에서 들불처럼 퍼졌다. 이 아이디어는 책장을 무지개처럼 보이도록 책등의 색에 따라 책들을 무리지어 분류하는 것이었다. 책장을 스타일링 하는 아주 멋진 대안이 아닐 수 없다.

» 포장지

부동산업자들이나 광고 스타일리스트들이 종종 사용하는 방법이다. 책 한 권 한 권을 같은 포장지로 싸는 것인데, 취향이 고스란히 드러나는 책장의 인상을 익명화하거나 복잡할 수밖에 없는 책장을 단정하게 바꿔주는 효과가 있다. 누구나 할 수 있다. 포장지 색을 다양하게 할 수도 있으며, 책등에 아름다운 손글씨로 제목을 써 넣을 수도 있다.

책장에 둘 수 있는 소품 아이디어

신문 더미

파일 꽂이

책꽂이의 높이를 고려한 수납 상자

장식용 틴케이스

조개껍데기, 돌, 기념품 같은 휴가지에서 사온 물건들

조각품

다양한 소재로 된 꽃병

유리 용기에 담은 양초나 쓰던 양초 토막들

말린 꽃이나 솔방울 등을 넣어 둔 유리돔

사진 액자

식물이 심겨진 화분(책장 아래로 줄기를 내리는 행잉 플랜트 포함)

» 이런저런 잡동사니들

책 이외에도 높은 책장 또는 시스템 책장에 책과 함께 배치하면 좋은 것들은 꽤 있다. 여러 해 동안 공들여 모은 수집품들은 자칫 단조로운 책들 사이에서 재미와 리듬감을 만들어낸다. 일단 책이 네모난 형태이니, 둥글거나 삼각형이거나 자연스런 모양의 물건을 선택하도록 하자. 형태와 상관없이 살아 있는 느낌의 것들(예를 들어 자연에서 가져온 돌이나 표정이 풍부한 사진 등)도 효과적이다. 그러면 책장은 어느덧 활기를 띠면서 더 흥미로워진다.

» 경사 배치

이른바 '테이블 북(table book)'이라고 불리는 커다란 책은 일반 단행본과 달리 그 크기와 비율이 매우 다양하다. 이런 책들 중 마음에 드는 책을 골라 표지가 정면을 향하게 한 후 뒤로 비스듬히 기울여 진열하도록 하자. 나는 표지 이미지가 멋진 책을 선별해 곳곳에 배치하는 편이다. 그러면 그림 액자와 같은 효과를 낼 수 있다. 애초에 살짝 기울어진 칸이 있는 책장을 구입하는 것도 좋다. 책장 전체가 같은 방식으로 구성될 필요는 없다. 경사진 칸과 그렇지 않은 칸을 혼합하는 것이 더 우아하다.

책장에 균형을 만드는 비결

도무지 질서를 찾을 수 없는 어수선한 책꽂이는 공간 전체를 어지럽고 지저분하게 만든다. 그러나 정반대로 책과 기타 장식물을 조화롭게 배치해서 잘 구성된 책꽂이는 탄탄한 응집력으로 공간 전체에 편안함을 선사한다.

책장에 책만 꽂는다 하더라도 책의 크기나 색에 의한 반복으로 어느 정도는 짜임새가 생기기 마련이다. 하지만 책장 안에 책뿐만 아니라 다양한 악센트와 장식품을 섞는다면 눈을 편안하게 하는 반복과 눈을 즐겁게 하는 변화를 동시에 연출할 수 있다. 책만 꽂을 때에 비해 당연히 어려운 작업이긴 하지만, 여기에 소개되는 몇 가지 팁을 이용한다면 누구나 쉽게 해낼 수 있다.

- 아무리 보기에 좋더라도 책장에 캔들 홀더와 촛대를 놓는 건 피하자. 조심하지 않으면 언제든 화재의 위험이 있다.
- 만일 책을 다른 물건들과 섞어 놓고자 한다면, 책 선반의 30퍼센트 정도는 비워 놓도록 하자. 그래야 구성이 복잡하다거나 책장이 좁다는 느낌이 들지 않는다.
- 시각적 무게를 고려하자. 가장 무거운 책들과 물건들은 가장 아래 칸에 배치하자.

» 거울 대칭 트릭

대칭은 균형과 차분함을 만들어낸다. 거울 대칭 원리에 따라 좌우 대칭이 되도록 배치하자. 한쪽이 어수선하더라도 반대편에 좌우 반전 형태로 그 무질서가 반복되면 일종의 질서가 만들어진다.

» 삼각형 방법

여기서도 삼각형은 효과적인 구도다. 책장에 장식용 물건을 배치할 때 삼각형을 이루어보자. 같은 색깔로 된 세 가지, 같은 소재로 된 세 가지 물건을 골라 책장에 삼각형 형태가 되도록 배치하면 된다. 그 물건들이 시선의 고정점이 되어줄 것이다. 한 책장에서 두 개 이상의 삼각형을 만들 수도 있다.

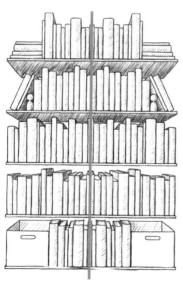

거울 대칭 트릭

삼각형 방법

204

소파와 소파 테이블

가족이나 손님과 어울리고 기분전환을 하거나 잠시 뒤로 기대어 쉬는 소파와 테이블과 안락의자…. 집에서 매우 중요한 가구지만, 아주 다양한 방식으로 사용하기 때문에 정리하기가 더 까다롭다. 소파, 안락의자, 소파 테이블로 인테리어 디자인을 하는 스타일링 방법을 알아보자. 배치, 비율, 정물, 장식용 쿠션까지 차곡차곡 정리했다.

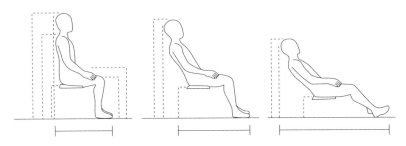

평소 어떻게 앉는가는 편안함뿐만 아니라 소파나 안락의자 등의 크기와 배치에도 영향을 미친다. 반쯤 누워 앉는 자세는 바로 앉는 자세보다 공간을 더 많이 필요로 한다.

스타일 VS. 편안함

소파와 테이블 세트는 대개의 경우 집에서 가장 큰 가구 그룹이기 때문에 미적으로나 기능적으로 중요할 뿐 아니라, 다른 인테리어 디자인이나 스타일링을 압도하며, 집의 전체적인 분위기를 좌우한다. 어쩌면 소파와 테이블은 그 집에서 가장 많은 이야기를 담고 있는 상징일지도 모르겠다. 따라서 소파와 테이블을 선택할 때는 그것이 '빨간 실' 그 자체가 될 수도 있다는 점을 반드시 염두에 두어야 한다.

자신이 원하는 거실이 아니라는 불만의 8할 이상은 소파와 테이블 세트 때문이다. 예를 들어 커다란 검정 가죽 소파가 떡하니 놓여 있으면, 그 주변에 다른 소품들을 갖다 놓고 다양한 세부요소들로 꾸며보려 해도, 좀처럼 의도한 분위기가 연출되지 않는다.

해결책이 있다면 오직 양자택일뿐이다. 그 커다란 코끼리에 맞서 작업을 하는 대신 항복을 선언하고 받아들이든지, 아니면 그 큰 가구를 다른 것으로 대체하든지, 둘 중 하나를 선택해야 하는 것이다. 중고 시장에 내놓거나, 물물교환을 하거나 선택은 빠를수록 좋다! 망설일 이유가 전혀 없다.

자, 이제 여러분이 새로운 소파와 테이블 세트를 살 준비가 되었다면, 내가 해줄 수 있는 최선의 조언은 선택에 있어 중립을 잘 유지하라는 것이다. 물론 자신의 선택에 확신이 있다면 그저 직감에 귀를 기울이면 된다. 하지만 만약 그렇지 않다면, 바꾸는 데 비용이 많이 들고 공간도 많이 차지하는 가구를 고를 때는 여러분과 지구를 위해 너무 과감한 결정은 자제하라고 조언하고 싶다. 왜냐하면 과감한 선택을 하는 경우엔, 앞으로 꽤 오랫동안 특정한 스타일에 갇혀 지내야 하기 때문이다. 그래도 대담해지고 싶다면, 나는 다시 설득한다. 무난한 소파를 선택하는 대신 무늬가 아주 화려하고 과감한 보조 쿠션으로 묘미를 살려보는 것은 어떻겠냐고 말이다.

소파처럼 크고 비싼 가구를 장만할 때 스타일과 형태를 고려하는 것은 물론 중요하지만, 누가 어떻게 소파에 앉는지 역시 숙고해야 할 일이다. 소파를 사용할 사람이 여러분 외에도 더 있다면, 그들의 앉는 습관도 관찰해보는 것이 좋다. 새로운 소파를 구매하기 전에 답을 찾아야 할 몇 가지 질문은 다음과 같다.

- 똑바로 앉아서 발이 바닥에 닿는 게 중요한가?

  얇고 반듯하고 형태가 잡힌 모델을 선택한다.

- 소파에 앉을 때 편안하게 기대거나 다리를
  올리는 것이 중요한가?

  더 깊고 부드러운 디자인을 선택한다.

- 가족 중 누군가가, 앉았다가 일어서거나 몸
  을 앞으로 굽힐 때 어려움이 있는가?

  쿠션이 더 단단하고 좌석이 조금 더 높은
  소파를 장만한다.

- 어린아이 또는 반려동물이 있는가?

  다리가 더 낮은 소파를 선택한다.

강한 햇빛에 소파
외피가 바랠 수 있으므로,
어두운색 소파를
남향 창 쪽에 두는
일을 피하도록 하자.

외피를 탈부착 할 수 있는 소파는 세탁도 용이하고, 손상된 부분을 수선하
거나 색을 바꾸고 싶을 때도 편리하다.

소파 테이블의 높이와 형태

소파 테이블과 관련해서 기억해야 할 하나의 기준은 소파 테이블의 너비가 소파의 길이를 넘지 않아야 한다는 것이다. 많은 인테리어 디자이너는 소파 테이블의 너비가 소파 폭의 약 3분의 2 정도 되는 것을 권장한다.

코너 소파 또는 다이븐 소파(divan sofa, 등받이와 팔걸이가 없는 침대형 소파)의 경우, 소파 테이블은 그것이 놓일 공간과 다른 모양의 것을 추천한다. 예를 들어 소파 앞의 공간이 정사각형이라면 정사각형 테이블은 피하는 것이 좋다. 그보다는 원형, 타원형, 직사각형 테이블이 일정한 선을 깨뜨리고 운율감을 연출해 조화로운 공간을 구성한다.

테이블의 높이도 신경 써야 할 부분이다. 소파의 좌석과 테이블이 정확히 같은 높이가 되지 않도록 하자. 소파 테이블은 여러분이 어떻게 사용하는지에 따라 약간 높거나 낮은 것이 좋다. 작은 높이 차이지만 그 자체로 리듬과 여유를 만들어내기 때문이다. 만일 여러분이 자주 소파에서 커피를 마시거나 테이블 위에 신문을 펼쳐 놓고 본다면, 낮은 테이블은 몸을 앞으로 숙여야 하기 때문에 불편할 수 있다.

큰 코너 소파나 다이븐 소파에 조금 낮은 소파 테이블을 갖춘다면 단계적인

소파 테이블의 치수

- **너비:** 소파 테이블은 최대한 소파 전체 너비의 2/3
- **좌석 높이:** 소파 테이블은 좌석 높이 ±10센티미터
- 소파 테이블은 소파 앞 공간을 모두 차지할 정도로 너무 크거나 간난한 나과를 놓기도 힘들 정도로 작아서는 곤란하다.

가구 높이의 변화로 더 편안한 균형을 이룰 수 있다. 2종 또는 3종으로 구성된 네스팅 테이블(nest of tables)은 소파에 어떻게 앉든 더 유연한 솔루션을 제공하기 때문에 좋은 대안일 수 있다. 너무 조밀하고 비좁은 느낌을 상쇄할 필요가 있다면, 상판이 얇거나 유리로 된 테이블 또는 다리가 가느다란 테이블을 추천한다.

소파 테이블 스타일링

인테리어 디자인 잡지를 보거나 포털 사이트의 온라인 집들이 기사를 보면 소파 테이블 위가 비어 있는 일은 거의 없다. 스타일리스트와 인테리어 디자이너는 소파 테이블엔 무조건 정물을 배치한다. 소파 테이블은 실용적인 물건과 장식용 소품들을 모아 배치하는 데 아주 유용한 공간이다. '소품 배치하기'

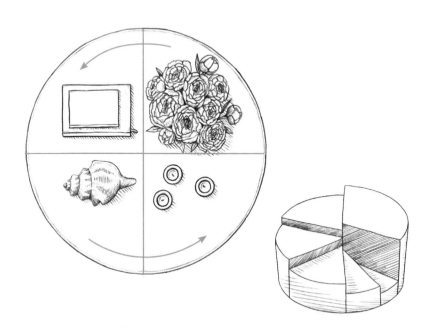

에 대한 부분(157페이지)에 나와 있는 조언뿐만 아니라, '디자인 수학'에 대한 부분(28페이지)에 설명한 황금 나선의 원리를 멋지게 응용할 수 있는 공간이다. 소파 테이블은 대개 높이가 낮기 때문에, 정물을 배치할 때 위에서 비스듬히 내려다보면 어떻게 보이는지를 기준으로 하는 게 좋다. 먼저 어떤 것들이 앞에 놓이기를 원하는지 선택하는 것으로 시작해서, 아래의 각 범주에서 몇 가지를 골라 구성해보도록 하자.

» 형태

- 각진 형태: 책, 상자, 잡지, 작은 쟁반 같은 정사각형 또는 직사각형 물체.
- 둥근 형태: 그릇, 꽃병, 캔들 홀더 같은 원형 또는 타원형 물체.
- 유기적 형태: 기하학적인 것과는 대비되는 유기적인 형태. 예를 들어 불규칙한 모양의 도자기, 자연에서 가져온 장식품 등.

» 소재

- 꽃, 나뭇가지 또는 화분 식물 같은 살아 있는 것.
- 유리나 아크릴처럼 투명한 것.
- 그릇, 접시 또는 쟁반처럼 나무로 된 것.
- 놋쇠, 크롬, 은, 주석 또는 구리 같은 금속류.

그런 다음 소파 테이블 위 전체 공간을 하나의 단위로 보지 말고 나누어 보도록 하자. 직사각형 테이블은 세 부분으로 나누고 높이의 차이를 두어 스타일링을 한다. 정사각형이나 원형 테이블은 케이크 조각처럼 4등분 하도록 하자. 그런 다음 한 지점에서 시계 방향이나 반시계 방향으로 단계적 차이를 만들어보자.

황금 분할과 피보나치의 나선을 떠올리면 좋겠다. 예를 들어, 화병을 가장 높은 지점으로 놓고서, 책이나 잡지 더미, 높이가 낮은 캔들 홀더 몇 개, 평평한 받침 접시 순으로 점차 낮춰간다. 이렇게 하면 테이블 한가운데에 한 가지 물건만 놓여 있을 때의 어색함을 쉽게 피할 수 있다.

체크 포인트

- 사각형 테이블에서 정물 작업을 할 때는 삼각형 원리를 떠올리자. 서 있거나 기울어진 삼각형 모양으로 정물을 배치하고 높이에 변화를 주면 효과적이다.
- '비대칭과 불균형의 와비사비'(55페이지)에서 소개한 아이디어를 자유롭게 적용하자. 오래된 것, 자연에서 유래된 것을 포함하자.
- 소파 테이블 정물에 60:30:10+B/W 배색 공식을 응용하자. 흥미진진한 역동성을 연출할 수 있을 것이다.

소파와 소파 테이블 배치하기

정말로 많은 집들이 비슷하게 거실 가구를 배치하곤 한다. 긴 소파 하나, 소파 테이블 하나, 맞은편에는 텔레비전이나 오디오 장. 이런 배치는 텔레비전을 보려고 그 자리에 앉는지 아니면 커피를 마시며 이야기하려고 앉는지와 상관없이, 거실에서 텔레비전을 공간의 중심으로 만든다. 만일 이야기를 나누기 위한 더 좋은 환경을 조성하고 싶다면, 서로 눈을 마주칠 수 있도록 앉을 자리를 배치할 필요가 있다.

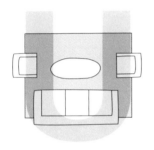

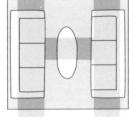

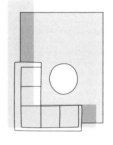

U 형

2~3인용 소파 하나, 1인 소파 두 개. 여전히 텔레비전이 맞은편에 있다면 초점이 그곳에 맞춰지겠지만, 서로 마주 보는 대화의 기회가 열려 있다. 텔레비전을 보며 동시에 같은 장소에서 대화를 나누고 싶어 하는 사람들에게 적합하다.

H 형

서로 마주 놓인 두 개의 2~3인용 소파. 물론 1인용 소파여도 상관없다. 대화를 위한 적절한 배치. 텔레비전이나 벽난로가 부차적이긴 하지만, 모든 사람이 볼 수는 있다.

L 형

구석진 공간이나, 넓은 공간에서 경계를 만들고 싶다면, L 형 배치를 권한다. 코너용 소파가 없다면 큰 사이즈의 풋스툴이나 등받이와 팔걸이가 없는 데이베드 등을 놓을 수도 있다.

대화 반경

좌석과 좌석 사이의 거리를 체크하자. 공간이 충분하더라도 서로 너무 멀리 떨어뜨려 놓지는 말자. 소파 세트를 배치할 때 인테리어 디자이너는 작은 목소리도 들릴 수 있도록 최대 3미터의 반경을 권장한다. 너무 휑한 느낌이 들 땐, 책상이나 높이가 낮은 책장 같은 가구를 소파 등받이 뒤에 배치해 아늑함을 연출한다.

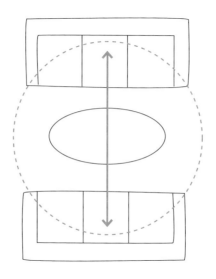

소파에 몇 명이 앉을 수 있는지도 고려한다. 소파 쿠션의 개수가 그 소파에 앉는 사람의 수와 반드시 일치할 필요는 없다. 디자인에 따라 3인용 소파에도 쿠션이 2개거나 4개인 경우가 있다. 인테리어 디자이너는 보통 한 사람에게 약 60센티미터의 좌석 공간을 할애한다.

» 크기 조절하기

부피가 큰 소파를 배치할 때는, 공간을 죄다 잡아먹는 가구라는 느낌이 들지 않도록, 주변을 여유있게 비워 두는 것이 중요하다. 그러기 위해서는 소파를 사기 전엔 반드시 소파가 놓일 공간의 크기를 확인해야 한다. 소파에 앉았을 때 앞 공간을 막아버리는 아주 큰 소파 테이블도 피해야 한다. 공간이 협소하다는 느낌이 들지 않도록 하려면, 통로가 될 공간도 남겨둔다.

» 큰 사이즈의 러그를 선택하기

소파 전체와 소파 테이블 밑에까지 깔려 있는 러그는 큰 소파로 인한 공간의 불균형을 해소한다. 한가운데에 옹색하게 깔린 작은 러그는 소파가 얼마나 공간을 많이 차지하는지를 입증할 뿐이다.

» 사이드 테이블 장만하기

코너 소파의 경우, 꺾이는 모서리 부분에 앉는 사람은 다른 자리에 앉는 사람들보다 소파 테이블에 닿기가 힘들다. 이럴 때 커피 잔을 올려놓거나 잡지를 펼쳐 읽을 수 있는 정도의 사이드 테이블을 두면 사용하기에도 좋고 보기에도 좋다.

» 조명 설계하기

소파가 클수록 조명을 더 적극적으로 활용하라고 권하고 싶다. 플로어 스탠드나 독서용 조명등을 함께 설치하자. 가족이나 손님들이 주로 어디에 앉는지, 그 자리에서 주로 하는 일을 체크해서 조명 자리를 정하도록 하자.

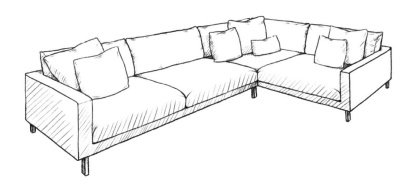

» 쿠션으로 장식하기

멋진 거실 사진에는 예외 없이 여러 개의 쿠션으로 장식된 2~3인용 소파가 등장한다. 특히 코너 소파나 카우치 소파를 포함하고 있는 소파 세트의 경우, 쿠션을 센스 있게 배치하면 훨씬 더 안락해 보인다. 쿠션의 구성과 크기는 다양할수록 좋지만, 전체적으로 삼각형 모양을 이루도록 모아서 배치하자.

» 긴 의자나 다이브 소파 스타일링

L 형 소파에서는 장식 쿠션을 세 곳에 펼쳐 배치하는 것이 대체로 멋지다. 그러나 팔걸이가 한쪽에만 달린 카우치가 연결되어 있다면, 쿠션들을 배치하기가 어려울 수 있다. 이때는 일관성을 유지하는 장치로 담요나 양가죽을 좌석 끝에 올리거나, 그 아래쪽 바닥에 자연스럽게 깔아 놓아도 좋다.

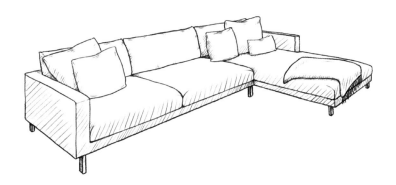

쿠션 배치의 기술

- 2장에서 살펴본 홀수 규칙을 따른다.
- 정돈된 스타일을 원한다면 반복과 내싱으로 균형을 만든다.
- 다양한 크기와 형태의 쿠션으로 작업할 때는 삼각형 법칙을 따른다.
- 리듬감을 주려 할 땐 거울 대칭을 피한다. 똑같은 쿠션을 양 끝에 놓지 않는다.

침대 스타일링 노하우

인테리어 디자이너는 연출하고 싶은 스타일과 분위기에 따라 다양한 방식으로 장식 쿠션을 구성하고 배치한다. 잘 정돈된 우아한 느낌을 살리고자 할 때는 대개 거울 대칭을 활용해 고급스러운 소재의 불룩한 쿠션을 배치하고, 세련되고 현대적인 느낌을 연출하고 싶을 때는 다양한 무늬와 색깔의 쿠션을 사용한다.

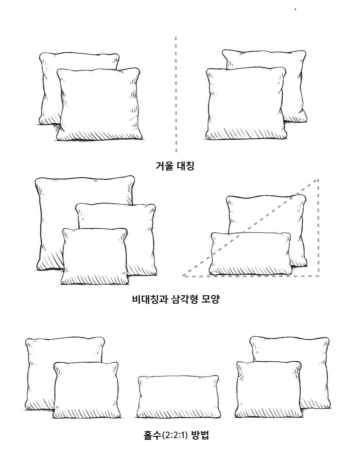

거울 대칭

비대칭과 삼각형 모양

홀수(2:2:1) 방법

장식 쿠션 모양 잡는 기술

쿠션은 쉽게 눌리고 납작해진다. 나도 종종 쿠션의 잃어버린 부피감을 되찾기 위해 툭툭 치곤 한다.

인테리어 디자이너는 장식 쿠션의 모양에도 공을 들인다. 특히 사진을 찍기 전이라면 더욱 신경을 쓴다. 멋진 소파 사진에서 장식 쿠션이 빠지는 일은 드물다. 침대 광고 사진에 담요가 따뜻하게 펼쳐져 있는 것과 같다. 전문가들은 장식 쿠션의 모양을 잡는 것만으로도 보는 이의 시선을 사로잡는다. 만일 괜찮은 충전재로 채워진 쿠션이라면 그 결과는 더 극적일 것이다.

빵빵한 쿠션을 손날로 쳐서 쿠션 상단에 자국을 만드는 것은 고급 기술에 속한다. 우스꽝스럽게 들리겠지만, 스타일리스트들은 어떻게 하면 침대나 소파에 있는 쿠션을 더 빵빵하면서도 자연스럽게 만들까를 늘 고민한다. 만일 쿠션 커버가 실크처럼 광택이 있는 천이라면, 매만지는 기술에 따라 직물의 느낌이 더 명확하게 드러나는 그림자 효과까지 만들어낼 수 있다. 패턴이 강한 쿠션은 위쪽의 가장자리를 움푹 들어가게 해주는 것만으로도 한층 보기 좋아진다.

한 번 치기: 쿠션의 위쪽 중앙을 손날로 내리친다.

두 번 치기: 위쪽 중앙과 양 옆의 중앙을 한 번씩 친다.

가운데 치기: 쿠션의 정중앙을 툭툭 친다.

정돈된 침대의 비결

호텔 침대처럼 산뜻하게 매력적으로 보이는 비결이 있을까? 사실 인테리어 디자이너와 스타일리스트에겐 베개와 이불을 매만지고 정리하는 그들만의 노하우가 있다.

좋은 이불로 시작하기

　　　　　침대 정리와 장식용 쿠션도 중요하지만, 무엇보다 좋은 이불을 선택하는 것이 첫 번째다. 이불은 수면의 질에도 커다란 영향을 미친다. 품질이 좋은 쾌적한 이불과 베개에 투자하자. 이불의 소재를 표시하고 있는 태그를 살펴 충전재가 무엇인지 확인하자. 구입할 당시 이불이 푹신하다고 해서, 2~3년 사용한 후에도 그럴 것이라는 보장은 없다. 오리털이나 거위털 같은 동물 깃털은 알레르기 문제 외에도 동물 친화적인 방식으로 관리되지 않는다는 점에서 여전히 논란이 있는 소재다. 따라서 꼼꼼하게 확인해야 한다. 이불에 사용되는 솜털은 대개 산업용으로 도축된 거위와 오리에서 나온다. 대체로 충전재에 깃털보다 솜털의 비율이 높을수록 더 비싼 편이다. 솜털의 보온성 등급이 어떤지, 먼지나 기타 입자 등 이물질이 없는지, 필파워(fill power, 다운의 복원력을 나타내는 수치. 높을수록 복원력이 좋다)는 어느 정도인지 체크하는 것이 좋다.

이불 자체의 구성과 더불어, 충전재가 들어 있는 포켓의 형태도 이불의 촉감과 수명에 영향을 미친다. 재봉이 좋지 않은 이불은 형태가 빨리 허물어지고 수선도 힘들다. 내부 충전재를 교체할 수 있는 이불을 고르는 것도 방법이다.

침대보(침대 커버)

침대의 모양이 마음에 들지 않을 때는 침대 커버만 적절하게 바꿔도 한결 나아지는 걸 느낄 수 있다. 특히 베드스커트가 달린 커버는 못생긴 침대 다리를 감춰주고, 침대 밑에 수납을 하는 경우엔 어지러운 그곳도 숨겨준다. 침대보는 이불이나 베개와 톤을 맞춰 통일감을 주는 게 원칙이다. 침대보를 구입했다면, 스팀이나 다림질로 주름을 펴는 것도 잊지 말자.

침구 정리의 수학

마음을 사로잡는 리조트 광고 이미지처럼 침실을 바꾸고 싶다면 베개 두 개로는 부족하다. 인테리어 디자이너는 대개 그보다 더 많고 다양한 베개를 사용한다. 더블 침대에 베개를 4~5개로 늘리면, 안락한 이미지를 쉽게 만들 수 있다. 베개 배치 방법은 이어지는 그림을 참고하도록 하자. 그리고 스타일리스트는 종종 푹신한 이불을 하나 이상 사용한다. 소위 '포개기 원칙'이다. 지나치면 거추장스럽지만, 커버나 이불을 두 장 이상 포개 활용하면 평범한 침실에서도 특별한 분위기를 연출할 수 있다.

기억해야 할 몇 가지

색상은 어떻게 선택해야 할까? 다양한 색상과 색조로 침구를 구성하면, 한 가지 색으로 된 침구 세트로 장식했을 때와는 완전히 다른 효과를 낼 수 있다. 침대 커버나 이불, 베개를 고를 때 과감하게 색을 달리해 선택해보자. 습관처럼 무채색 계열의 제품에 눈이 가더라도 의식적으로 노력하면 된다. 침실에 색깔을 입히면 분명 차원이 다른 효과를 만들어낼 수 있다. 그리고 침대의 헤드 보드는 웬만하면 그대로 두도록 권하고 싶다. 매트리스

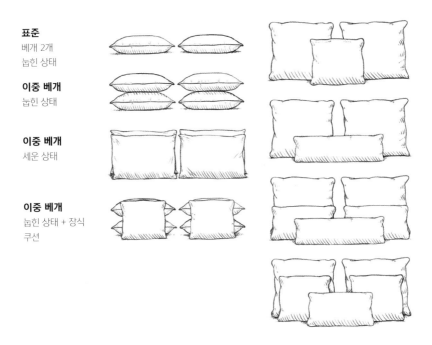

표준
베개 2개
눕힌 상태

이중 베개
눕힌 상태

이중 베개
세운 상태

이중 베개
눕힌 상태 + 장식
쿠션

만 있는 침대는 스타일링을 하기 쉽지 않다. 침대를 호텔식으로 정리하려면 베개를 침대에 평평하게 놓는 대신 침대 헤드 보드에 기울여 놓아야 하는데, 대체로 헤드 보드가 높을수록 더 멋지게 정리된다.

마지막으로 잊지 말아야 할 것은, 침실에서는 절대로 눈에 보이는 곳에 많은 물건을 두면 안 된다는 것이다. 침실에서는 시각적 소음이 최소화되어야 한다. 주의를 산만하게 하는 것들이 적을수록 수면이 더 편안해진다. 가까이 둘 필요가 있는 물건은 협탁 서랍 속에 넣어 두고, 협탁 위에는 오직 작은 식물, 알람시계, 작은 접시(잠자리에 들기 전까지 필요한 것을 놓아두는), 지금 읽고 있는 한 권의 책 정도면 충분하다.

식물 인테리어 디자인

주로 인공 소재로 이루어진 오늘날의 주거 환경에서, 살아 있는 식물은 자칫 잃어버릴 수 있는 자연의 기운을 실내에 불어넣는 각별히 소중한 요소다. 실내에서 키우기 적합한 식물로 창가를 장식하는 것 외에도, 식물 인테리어는 여러 공간에 편안한 분위기를 더해준다. 물론 식물은 그 자체로 아름답다.

오래된 식물이 들려주는 녹색의 이야기

어떤 집은 다른 집보다 더 아늑하다. 그 이유가 무엇인지 인테리어 디자인을 살펴보면, 식물 때문인 경우가 많다. 식물은 어떤 공간이든 커다란 차이를 만들어낸다. 특히 장기간 키운 식물은 집에 고유한 특성을 부여한다. 시간의 흐름에 따라 커지고 굵어지고 병들고 이겨내면서 어느덧 완전한 크기와 비례를 뽐내며 우리 생활의 한가운데에 우뚝 서 있게 되는 것이다. 이미 다 자란 식물이 심겨져 있는 화분을 들여도 푸르름은 그대로겠지만, 오래된 식물은 집의 역사와 개성까지 함축한 녹색의 이야기를 선사한다. 특히 지인에게서 식물을 선물받거나, 세상을 떠난 소중한 이의 화분을 입양하는 것은 사랑하는 사람의 기억을 돌보는 멋진 방법일 수 있다. 난 지금도 외할머니의 게발선인장을 잘 간수하지 못 한 걸 후회한다.

식물은 직접 보고 고른다

근처 화원이나 종묘점을 방문하자. 인터넷 쇼핑으로도 구매할 수 있지만, 식물은 매장에 직접 가서 보고 살 것을 권하고 싶다. 조금 더 좋은 가격에 조금 더 건강한 식물을 구매할 수 있을 뿐만 아니라, 한 번도 생각하지 못 했던 이미지의 이국적인 식물을 만날 수도 있기 때문이다. 그렇게 우연히 만나게 된 식물이 집 전체의 인상을 멋지게 바꿀 수도 있다.

작은 식물로 큰 효과 내기

지금 선택할 수 있는 식물이 이제 겨우 자라기 시작하는 작은 식물들뿐이라면 이렇게 해보자. 커다란 화분을 준비하고 배양토 역시 넉넉하게 준비한 후 작은 식물들을 크고 무성한 하나의 식물처럼 모아서 심는다. 인테리어 디자이너들이 개성을 드러내기 위해 종종 사용하는 기법이다.

화분 고르는 법

- 식물의 크기에 맞는 화분을 선택하는 게 첫 번째다. 식물마다 뿌리를 위해 필요한 공간이 다르다. 먼저 판매자에게 자문을 구하도록 하자. 일반적으로 인테리어 디자이너는 화분의 높이와 흙 위로 보이는 식물 높이의 비례와 균형에 초점을 맞춘다. 1/3은 화분, 2/3는 식물 정도면 훌륭하다.
- 식물과 화분 둘 다 주연이긴 힘들다. 누가 주연이고 누가 조연을 맡아야 할지 결정하고, 그에 따라 화분의 소재와 색을 선택한다.
- 식물이 배치될 공간의 스타일을 떠올려보자. 어떤 스타일이 지배적인가? 식물을 놓을 공간의 분위기를 고려해 화분의 색, 형태, 장식을 선택한다.
- 만약 옮겨 심지 않고 포트를 화분 속에 그대로 넣어둘 생각이라면 화분의 지름이 포트보다 최소한 2센티미터 정도 큰 것으로 준비한다. 여분의 공간을 이용해 공기가 순환하기 때문이다.
- 대형 화분은 흙이 물기를 더 오래 유지하므로 물이 덜 필요하다.

공간별 식물 선택

커다란 식물이나 거는 화분은 공간의 느낌을 극적으로 변화시킨다. 특히 덩굴식물을 책장이나 유리 장식장, 선반의 위에서 아래로 감겨 내려오게 하면 더욱 아름답다. 적당한 크기의 화분은 서랍장이나 사이드 테이블, 소파 테이블 위에 보기 좋은 정물로 사용하기 안성맞춤이다. 빛이 잘 닿지 않는 곳에 화분을 두고 싶다면, 산세베리아처럼 그늘에서도 잘 크는 음지 식물을 살펴보도록 하자. 욕실에는 습기를 좋아하는 열대 식물이 적합하지만, 이때 역시 욕실의 채광을 고려해 식물을 선택해야 한다.

공기 정화

실내 공기를 정화하는 식물로 인테리어 디자인을 하는 것도 좋다. 골든포토스, 산세베리아, 피스 릴리는 공기 중에서 벤젠과 포름알데히드 같은 유해 물질을 흡수한다. 값도 비싸지 않다. 측정 가능한 효과를 얻으려면 엄청나게 많은 양이 필요하다고 하지만, 없는 편보다는 조금이라도 있는 편이 낫다는 게 나의 생각이다.

식물 대피시키기

페인트칠을 다시 하거나 벽지를 붙이거나 바닥을 바니시 마감해야 한다면 식물들을 꼭 대피시키도록 하자. 식물은 강한 냄새와 화학 물질에 아주 민감하고 약하다. 갓 칠한 실내 페인트, 벽지 접착제, 바닥 마감재 등이 뿜어내는 독성물질은 식물의 생장에 치명적이다. 식물이 있는 곳에서 작업을 해야 한다면 친환경 제품을 사용하고, 환기에 각별히 신경 써야 한다. 유해 물질로부터 차단될 수 있는 곳에 옮겨 놓는 것이 최선이다.

꺾꽂이가 가능한 식물은 매력적이다. 잘만 돌보면 하나의 화분이 여러 개의 화분으로 늘어난다. 늘어난 식물은 지인들에게 선물할 수도 있고 다른 종류의 식물과 바꿀 수도 있다.

식물의 높낮이를 만드는 비결

- 플라워 테이블
- 기둥식 받침대
- 다리 달린 화분
- 걸이식 화분
- 벽에 다는 화분
- 벽에 다는 꽃병
- 벤치 의자
- 오래된 전화기 테이블
- 책장과 콘솔
- 수직 정원용 플랜트월
- 식물 커튼(구불구불하게 올라갈 수 있는 덩굴식물)

러그, 매트, 카펫

인테리어 디자이너는 깔개, 즉 러그나 매트나 카펫을 공간의 다섯 번째 벽이라고 말한다. 깔개의 색과 형태와 크기에 따라 공간의 분위기가 좌우되기 때문이다. 깔개가 있고 없고의 차이는 정말 대단하다. 특히 페인트를 칠하거나 벽지를 바꿀 형편이 안 될 때, 깔개는 공간의 전체적인 분위기를 바꿔주는 가장 손쉬운 장치로 기능한다. 게다가 소심한 사람들도 깔개를 선택할 때는 대담해질 수 있다. 깔개는 영구불변의 설치물이 아니기 때문이다.

아마추어들이 하는 가장 흔한 실수는 가구에 비해 너무 작은 깔개를 선택하는 것이다. 때론 아예 깔개가 전혀 없는 경우도 있는데 나는 이것 역시 명백한 실수라고 생각한다. 그럼에도 불구하고 깔개가 비실용적이라고 생각하는 사람이 있다면, "나쁜 날씨는 없고 나쁜 옷만 있다"라는 속담을 비틀어 "나쁜 깔개는 없다. 나쁜 선택이 있을 뿐"이라고 꼭 얘기해주고 싶다.

어떤 환경이든 그에 맞는 적절하고 실용적인 깔개가 있다. 만일 음식물 찌꺼기가 식탁 아래로 떨어질까 두렵다면, 굳이 그곳에 털이 긴 카펫을 깔 필요는 없다. 오염에 강한 평직 깔개를 선택하면 된다. 어쨌든 바닥을 맨바닥으로 두는 것은 절대로 좋은 생각이 아니다.

깔개의 형태는 그 위에 놓일 가구의 형태를 따라야 한다. 그렇지 않으면 시각적 불균형이 일어나기 때문이다. 둥근 식탁에는 둥근 깔개나 정사각형 깔개가 적합한 반면, 직사각형이나 타원형 식탁에는 직사각형 깔개가 적합하다. 거실처럼 개방된 공간에서는 어떻게 공간을 나눌 것인지가 관건이지만, 기본 규칙은 깔개가 되도록 소파와 테이블 세트를 포용해야 한다는 것이다. 그렇다면 과연 깔개는 얼마나 커야 할까? 이는 무엇보다도 가구와 공간의 크기에 좌우된다. 일반적으로 깔개와 벽 사이에는 적어도 20~45센티미터의 여유 공간을 두는 것이 권장된다.

방의 크기

깔개는 너무 작아서도 안 되지만, 바닥에 가리고 싶은 흠집이 있는 게 아니라면 바닥 전체를 먹어 치울 정도로 큰 것도 곤란하다. 일반적으로 작은 방에는 작은 깔개를, 큰 방에는 큰 깔개를 선택하는 게 원칙이다.

가구의 치수

깔개의 크기는 그 위에 어떤 가구가 놓이게 되느냐에 따라 정해진다. 기본 규칙 하나는 깔개가 소파나 식탁의 길이와 너비보다 작아서는 안 된다는 것이다. 일어서거나 앉을 때 밖으로 당겨 뺀 의자도 깔개 위에 있도록 동선에 맞게 약간의 여분을 더 주어야 한다. 의자에 앉을 때는 적어도 의자 다리 네 개 모두 깔개 위에 있어야 한다. 다리 두 개는 깔개에 있고 나머지 두 개는 맨바닥에 놓이면 의자의 균형이 맞지 않아 위험할 수도 있다. 때로는 어쩔 수 없는 공간의 제약 때문에 그런 상황이 강요되기도 하지만, 그럴 땐 난 가능한 범위에서 가장 큰 카펫을 사라고 조언한다. 물론 최선은 가구의 치수에 맞고, 비율 역시 적절한 깔개를 구하는 것이다.

주방과 다이닝룸

식탁은 물론, 모든 의자가 식탁 아래에 들어가 있을 때뿐만 아니라, 일어나기 위해 뒤로 밀었을 때에도 깔개 위에 있어야 한다. 대체로 식탁 상판의 가장자리로부터 60~70센티미터를 추가하면 되지만, 실제로 의자를 밖으로 빼고서 전체 크기를 재보는 것이 가장 안전한 방법이다.

직사각형 식탁

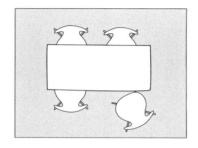 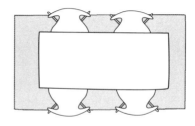

깔개가 작으면 의자 다리의 절반이 깔개 바깥에 있을 위험이 있다. 이러면 사람이 앉았을 때 균형이 맞지 않아 흔들린다. 또한 의자를 당겨 앉으려고 할 때, 의자 다리가 깔개 가장자리에 걸릴 위험도 있다.

 털이 긴 깔개를 산다면, 여닫이문으로 되어 있는 장롱이나 수납장, 특히 방문의 열고 닫음이 방해받지 않도록, 깔개 크기를 주의해 구매하도록 하자. 방문에서부터 장식장 여닫이문까지 체크하자.

깔개와 식탁

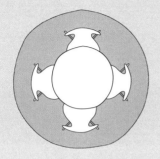 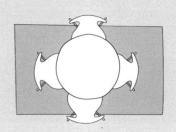

방사상 균형을 생각하자. 둥근 식탁에는 대체로 둥근 카펫이 가장 적합하다.

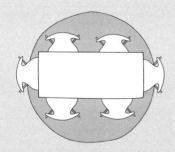 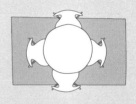

직사각형 식탁과 둥근 깔개의 조합과 마찬가지로 직사각형 깔개와 둥근 식탁의 조합은 피한다.

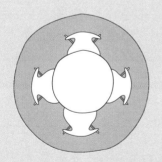 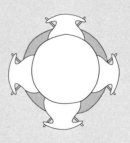

밖으로 의자를 빼내도 모든 다리가 깔개 위에 있도록,
식탁 상판의 각 면으로부터 최소한 60~70센티미터를 더한 크기의 깔개를 깐다.

거실

거실에서는 소파와 테이블 세트가 깔개의 크기를 결정한다. 깔개는 소파 길이보다 짧아서는 안 된다. 깔개가 소파 양쪽으로 약간 튀어나오는 게 좋다. 만약 거실 한가운데 가구가 있다면, 깔개가 가구 전체를 한 그룹으로 포함해야 한다. 소파를 벽에 붙여 놓았을 때에는 소파 앞쪽 다리가 깔개 위에 있는 것으로 충분하다.

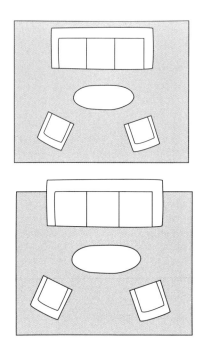

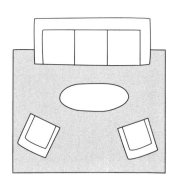

앞다리를 포함한 소파의 3분의 1을 깔개 위에 올려놓거나, 뒷다리를 포함한 소파의 3분의 1을 깔개 바깥으로 빼놓는다.

침실

　　　　방과 침대에 비례하는 깔개를 선택하는 게 기본이다. 침대 측면 양쪽에 넓은 공간이 있다면 아주 큰 깔개를 살 수도 있겠지만, 이때에도 침대 크기와 비례하는 깔개를 선택하도록 하자. 작은 침실에서는 침대보다 방 전체의 크기와 다른 가구들과의 비율에 맞추는 게 보기 좋다.

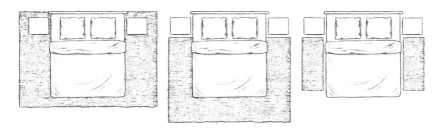

인테리어 디자이너는 주로 침대 각 측면에서 60~70센티미터 튀어나오는 깔개를 선택하거나, 혹은 침대 양옆 협탁 밑에 작은 사이즈의 깔개 두 장을 까는 것을 추천한다. 이렇게 하면, 아침에 딱딱하고 차가운 바닥에 발을 디디면서 하루를 시작하지 않아도 된다. 또한 침대라는 커다란 가구가 좀 더 안정적으로 보이고, 침실 전체에는 편안하고 아늑한 분위기가 연출된다. 침대 밑에서 사라지는 깔개나 침대 발치 아래로 살짝만 나오는 깔개는 피하도록 하자.

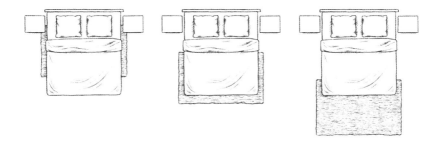

복도

　　　복도는 통행이 잦은 곳이므로 내구성이 좋은 깔개를 선택하는 게 최선이다. 또한 쉽게 얼룩이 생기는 곳이므로 양면을 다 이용할 수 있다면 더욱 좋겠다. 가장자리에 술이 달려 있어봤자 금방 닳을 것이므로 가장자리가 깔끔하게 마무리되어 있는 튼튼한 제품을 선택하도록 하자.

욕실

　　　욕실 역시 공간의 크기와 형태, 벽에 부착된 가구의 위치에 맞게 깔개를 선택해야 한다. 그래도 어느 욕실이나 적어도 70센티미터의 보행로는 확보가 되어야 하므로, 최소한 폭을 70센티미터 이상으로 하는 게 좋다. 또한 대부분은 사람이 서 있는 곳에 깔개가 필요하므로 세면대 앞에 깔개를 깔면 가장 무난하다.

**"아름다운 깔개는
따분한 바닥에 개성을 입힌다."**

_ 엘사 빌그렌(Elsa Billgren, 스웨덴 텔레비전 프로그램 진행자이자 패션 블로거)

깔개를 100퍼센트 활용하는 법

- 필요한 깔개의 사이즈가 애매할 때는, 기존에 사용하던 깔개나 시중에서 쉽게 구할 수 있는 사이즈의 깔개를 원하는 사이즈로 잘라 그 가장자리를 오버 로크(over lock, 마름질한 천의 가장자리가 풀어지지 않게 하기 위해 미싱사로 꿰매는 것)하는 방법도 있다.

- 아주 작은 러그와 사랑에 빠졌거나 충분히 큰 것을 찾아내지 못 하고 있는 가? 그렇다면 쌍둥이 트릭이 효과적이다. 아예 두 장을 사서 아랫면에 덕트 테이프를 붙여 잇고, 미끄러지지 않도록 미끄럼 방지 패드를 넣으면 아주 말끔하다.

- 수제 깔개는 털이 기울어지는 방향에 따라 느낌이 다르다. 색깔이 만족스럽지 않다면, 방향을 180도 돌려 사용해보자.

- 깔개에 눌린 자국이 있는가? 수건을 미지근한 물에 적셔 눌린 털을 가볍게 두드리거나 스팀다리미로 김을 쐬어주면 말끔해진다. 성긴 솔로 표면을 조심스럽게 빗는 것도 좋은 방법이다.

- 햇빛과 마모는 깔개의 모양과 색에 영향을 미친다. 깔개가 고르게 바래지고 닳도록, 해가 바뀔 때마다 깔개를 돌려서 쓰는 것도 좋다.

- 깔개를 한자리에서 오랜 기간 동안 사용하면, 깔개에 덮여 햇빛을 받지 못한 나무 바닥이 변색될 수 있다. 가능할 때마다 깔개 아래 바닥이 일광욕을 할 수 있도록 해주자. 대청소를 할 때 깔개를 접거나 말아 올려 두는 정도로도 충분하다.

- 핸드 터프티드 방식(직물로 된 바탕천에 털을 심은 후 털이 빠지거나 변형되는 것을 방지하기 위해 뒷면에 라텍스 접착제 코팅으로 고정하는 방식) 깔개는 바닥 난방에 취약할 수 있다. 따뜻한 바닥이 접착력을 약화시켜 카펫이 손상되기 때문이다.

- 대비 효과를 고려하자. 색이 밝은 깔개는 색이 짙고 어두운 가구를 강조한다. 그 반대도 마찬가지다.

- 얇은 깔개는 미끄럼 방지 패드를 넣어 고정시키도록 하자.

꽃병

집에 얼마나 많은 꽃병이 필요할까? 꽃병은 어떻게 생긴 게 좋을까? 큰 걸 준비할까, 작은 걸 준비할까? 이 문제에 대한 답을 얻는 가장 쉬운 방법은 흔히들 주고받는 꽃다발을 기본으로 생각하는 것이다. 예를 들어 생일 축하 선물로 받은 꽃다발이 있다고 치자. 이 꽃다발을 꽂을 수 있는 화병, 꽃집 창가에 진열된 꽃다발에 어울릴 만한 화병을 떠올리면 된다. 그리고 나서 평소에 내가 좋아하는 꽃을 꽂아 둘 작은 화병을 추가하면 무리가 없겠다.

목이 긴 실린더형 꽃병   V자형 꽃병   허리가 잘록한 꽃병

알뿌리 모양 꽃병   원통형 꽃병   입구가 좁은 구형 꽃병

한 송이 꽃꽂이

　　　　한 송이의 꽃이 기울지 않고 자세를 유지
할 수 있는 날씬한 꽃병이 필요하다.

꽃 허리를 묶은 꽃다발과 꽃이 가득한 꽃다발

　　　　튤립 꽃다발과 같이 꽃 허리를 묶은 고전
적인 꽃다발을 비롯하여 꽃을 무성하게 꽂는 현대식 꽃
다발에는 푸른 잎이 위에서 퍼지도록 하는 동시에 줄기
를 충분히 받쳐줄 수 있는 꽃병이 좋다.

줄기가 긴 꽃과 나뭇가지

장미와 백합 꽃다발처럼 줄기가 길고 키가 큰 꽃은 넘어지지 않도록 약간 무거운 V자형 꽃병에 꽂으면 좋다. 요즈음에는 긴 나뭇가지(벚나무와 목련 같은)도 장식용으로 자주 꽂곤 하는데, 한데 모여 안정적으로 있으려면 입구가 좁은 꽃병이 안성맞춤이다.

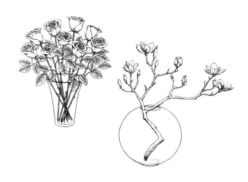

덩이줄기와 알뿌리

그리 많은 양의 수분이 필요하지 않은 덩이줄기나 알뿌리는 물과 덩이줄기를 분리하는 모래시계 형태의 히아신스(hyacinth) 화병이나 아마릴리스(amaryllis) 화병에 두면 더욱 멋지다.

시야 차단 장치

요즈음 주택에는 바닥에서 천장까지 큰 파노라마 창문과 유리 패널이 시공되곤 하는데, 이웃한 집과 너무 가까워 안이 훤히 들여다 보이는 경우도 있다. 아파트의 경우 도로와 면한 경우도 많아서 지나는 사람들에게 사생활이 노출되기도 한다. 커튼과 전통적인 시야 차단 장치 외에도 이러한 문제를 해결하는 스마트한 방법들이 있으니 참고하도록 하자. 실내에서 호젓함까지 느낄 수 있는 센스 있는 방법이다.

엿보기 차단 장치

- 빛은 투과하지만 외부로부터의 시선은 막아주는 얇은 패브릭 커튼
- 블라인드
- 주름식 종이 커튼(아래에서 위로도 장착 가능)
- 버티컬 블라인드
- 베네치아 블라인드
- 우드 블라인드
- 카페 커튼(창문이나 문의 중간에 치는 커튼)
- 창유리 부착용 사생활보호 필름
- 덧창
- 종이나 아크릴로 된 창문 가리개(창턱 등을 이용해 설치)

조명 트릭

창턱에 세워진 조명등, 펜던트 조명이나 매입된 스포트라이트는 사생활을 보호해주는 역할도 한다. 커튼 박스 앞쪽에 할로겐 등을 매입하면 실내의 실루엣이 창문을 통해 바깥에 비치는 것을 막아준다.

대형 식물

큰 창에는 대형 식물을 놓는 것도 효과적이다. 특히 잎이 큰 식물은 빛은 통과시키지만 외부의 시선은 차단한다. 파노라마 창이 있는 집에서는 계단식 화분 진열대를 활용하는 것도 좋다.

덩굴식물과 식물 커튼

기둥이나 벽을 타고 오르고 내리는 덩굴식물은 주방이나 욕실 창과 같은 곳에 더 효과적이다. 숨겨진 느낌, 즉 비밀스러움과 아늑함까지 연출한다. 담쟁이, 골든 포토스, 호야, 새틴 포토스 등이 대표적인 덩굴식물이다. 넝쿨자스민과 같은 공중식물도 멋진 식물 커튼이 될 수 있다.

창턱의 정물

창턱에 쌓여 있는 책 더미와 장식품 역시 식물과 조명처럼 외부 시선을 차단해주는 훌륭한 소품이다.

이동식 파티션

철제나 나무 프레임에 천을 부착한 파티션은 이동이 쉽고 보관도 용이해서 필요할 때만 창가에 놓고 쓸 수 있다는 장점이 있다.

가구

바람과 빛을 차단하지 않는 가구를 활용할 수도 있다. 유리로 된 트롤리와 낮은 높이의 사이드 테이블을 추천한다.

텔레비전, 스피커, 전선 숨기기

기술이 눈부시게 발전했지만, 텔레비전이나 대형 스피커, 서브 우퍼, 서라운드 시스템, 그리고 그것들을 서로 연결하는 전선들은 여전히 눈에 거슬린다. 이런 AV 장치들을 되도록 눈에 띄지 않게 숨기는 방법을 정리해보았다.

전선 위장

전선을 숨기는 가장 좋은 방법은 벽 안쪽으로 매립하는 것이다. 하지만 그럴 수 없는 형편이라면 전선 정리용으로 나오는 속이 빈 몰딩이 훌륭한 차선책이다. 미터 단위로 살 수 있고 색상도 선택이 가능하다. 나중에 도색을 할 수도 있다. 이것도 힘들다면 가능한 벽이나 벽지 색과 가까운 연결선을 찾아보자. 전선은 대부분 흰색과 검은색인데, 벽이 밝다면 흰색 전선, 짙으면 검정 전선을 선택하도록 하자. 전선은 그 어디에도 늘어져 있게 하지 말자. 스테이플 못을 사용해 벽에 최대한 밀착시키자. 바닥에 실타래처럼 두어서도 곤란하다. 바닥에 전선이 뒤엉켜 있으면 청소하기도 힘들다.

그림 액자 벽에 텔레비전 숨기기

화면이 꺼진 텔레비전은 어둡다. 벽면에 텔레비전만 있다면 블랙홀 같은 느낌이 들 수도 있다. 다양한 모티프의 그림 액자를 벽에 걸어 텔레비전을 위장하자. 그러면 텔레비전이 여러 액자 중의 하나, 전체 속의 한 부분으로 인식될 수 있을 것이다.

짙은 색으로 벽 칠하기

벽을 더 짙은 색으로 칠하는 것도 방법이다. 벽과 전자제품 사이의 대비를 최소화할수록 전자제품은 덜 드러나게 될 것이다. 커다란 검정색 스피커나 서라운드 시스템을 도드라지지 않게 배치하고 싶을 때 효과적이다.

책장

벽면을 책장으로 만들고 그 속에 텔레비전을 넣는 것도 흔히 쓰는 해결책이다. 이때는 TV 화면이 선반 앞쪽에 맞춰 정렬될 수 있도록 하자. 화면이 가려지지 않기 위해서이기도 하지만 제품이 뜨겁게 열을 받는 것도 피해야 하기 때문이다.

커튼과 장

영화관에서처럼 사용하지 않을 때는 커튼을 쳐놓도록 하자. 문이 달린 맞춤형 텔레비전 장을 제작하는 방법도 있다.

주방과 욕실 업그레이드

요란한 공사 없이도 주방이나 욕실에 변화를 줄 수 있는 비결은 있다. 속은 그대로 두고 겉만 바꾸면 된다. 싱크대의 문만 바꿔도 분위기는 확 달라진다. 누구나 쉽게 할 수 있으니 가벼운 마음으로 시작해보자.

가벼운 주방 수리 개조

- 싱크대 문을 분해하고 재도장을 맡긴다. 아니면 좋은 롤러와 목공용 페인트로 직접 칠한다. 가구용 필름을 붙이는 방법도 있다.
- 손잡이와 장식을 교체한다. 쓰던 것은 중고시장에 팔 수도 있다.
- 펜던트 조명을 교체한다. 방향이 설정된 조명을 사용할 수 있도록 스포트라이트 레일을 설치하는 것도 좋은 생각이다.
- 마음에 드는 타일을 골라 지금 시공되어 있는 타일 위에 그대로 시공한다. 세심한 주의가 필요하지만, 제대로만 하면 오래간다. 주방 전체의 분위기를 바꿀 수 있다. 타일도 종류가 여러 가지다. 접착식도 있으니 솜씨에 따라 잘 선택하도록 하자. 페인트가 더 나은 대안이라고 판단되면, 타일용 페인트를 알아보자. 요즘에는 젯소를 칠하지 않고 바를 수 있는 타일 전용 페인트도 구할 수 있다. 페인트 매장에 가서 문의를 하면, 생각보다 많은 도움을 받을 수 있을 것이다.
- 손상된 주방 바닥을 덮을 러너를 구매한다. 더 큰 깔개를 사는 것보다 저렴하지만, 효과는 결코 미미하지 않다. 또한 식탁을 더 큰 테이블보로 덮는다면 그 아래 바닥으론 시선이 가지 않을 것이다.

- 싱크대 상부장은 생각보다 더 많이 주방 분위기를 좌우한다. 상부장을 떼고 선반을 설치하는 것도 권하고 싶다.

가벼운 욕실 수리 개조

- 세면대 위에 큰 거울을 두면 분위기가 한결 좋아진다. 욕실을 좀 더 넓고 환하게 보이게 하는 가장 경제적인 방법이다.
- 조명을 새롭게 바꾼다. 천장에 새 조명등을 설치하는 일은 생각보다 쉽다. 반드시 욕실용 조명인지 확인하고 구입하자. 습기에 약한 조명은 금물이다.
- 벽에 새로 구멍을 뚫지 않아도 수건걸이, 휴지걸이, 옷걸이, 유리 선반 등을 교체할 수 있다. 임대주택이라면 이사갈 때를 대비해 오래된 것은 떼어서 따로 보관해두는 것이 좋다.
- 변기 시트도 바꾸자. 나무를 비롯해서 다양한 소재와 색상의 제품이 있다.
- 더 많은 수납 솔루션을 만든다. 좁은 선반을 설치하고, 변기 뒤쪽 벽에도 수납이 가능하도록 선반을 설치한다. 목욕용 타월과 가운을 걸 수 있는 후크형 행거를 문짝에 걸어도 좋다.

 욕실 바닥과 벽의 오래된 줄눈을 새것처럼 만들 수 있는 코팅제도 시중에서 쉽게 구할 수 있다. 곰팡이 방지 기능을 갖춘 무독성 제품이면 되겠다. 욕실 전체를 시공하기 전에 눈에 잘 안 띄는 구석에 먼저 테스트해보자

아이와 함께하는 인테리어 디자인

아이가 생긴다는 것은 가족의 생활뿐 아니라 집 자체에도 커다란 변화를 가져온다. 인테리어 디자인에도 타협할 준비가 되어 있어야 하는데, 미처 그럴 마음의 준비가 안 되어 있는 경우에도 아이는 변화를 받아들일 수밖에 없게 한다. 당장은 아니더라도 아이가 기거나 걷기 시작하면 집의 문제가 무엇인지 하나씩 드러나기 때문이다. 그것도 아주 위험한 방식으로 말이다. 우리 삶의 요구 사항이 변화함에 따라 우리는 실용적이고 안전하게 환경을 개선해야 할 필요가 있다.

끊임없이 변화하는 방

자라는 아이에게 변하지 않는 것이란 없다. 나는 늘 이 명제에서 인테리어 디자인을 시작한다. 성장 단계에 따라 생각과 행동이 변하듯이 필요한 환경 역시 달라진다. 따라서 아이방은 언제든 고칠 수 있고 조절할 수 있어야 한다. 그리고 나서 아이에게 어떤 추억을 만들어주고 싶은지 숙고해야 한다. 어린 시절 방에서의 기억들, 이웃 집에서의 놀이들, 질투심을 불러일으켰던 친구의 방 같은 것들을 떠올려보자. 잡지나 SNS를 참고하는 것도 도움이 된다. 그리고 결정을 앞둔 순간엔 꼭, 아이의 방은 끊임없이 변화한다는 사실을 기억하자. 그래야 후회를 줄일 수 있다.

» 무릎을 꿇고 디자인하기

아이들의 방을 인테리어 디자인할 때는 전적으로 아이들의 신체를 기준으로 삼아 위치나 높이를 정하여 선반을 달거나 수납 상자를 놓거나 가구를 배치해야 한다. 가장 간단한 비결은 무릎을 꿇고 인테리어 디자인을 하는 것! 그러면 아이들의 시각에서 사물이 어떻게 다르게 보이는지 쉽게 알아낼 수 있다.

» 초점 정하기

아이방을 디자인할 때는, 작은 레고 블록, 장난감, 동화책 등 지협적인 사항에 붙잡혀 전전긍긍하느라 전체를 보지 못 할 수도 있다. 하지만 아이방에서도 무엇을 강조하고 무엇을 배경으로 둘지를 반드시 염두에 두도록 하자. 세 가지 효과적인 방법은 다음과 같다.

- 무늬가 있는 벽지나 산뜻한 색의 페인트로 포인트 벽을 만든다.
- 공간 전체의 느낌을 바꿔주는 커다랗고 멋진 러그를 깐다. 어른이나 아이나 앉아서 놀 때 편하다.
- 방에 들어가는 즉시 눈길을 끌 만한 크고 아름다운 펜던트 등을 설치한다.

» 어른을 위한 자리 만들기

아이를 잠재우는 데는 생각보다 오랜 시간이 걸린다. 그럼에도 매일같이 바닥이나 침대에 새우처럼 누워서 동화책을 읽어주는 부모들이 많다. 아이들 방엔 어른을 위한 자리가 있어야 한다. 작은 소파도 좋고 의자도 좋다. 방석도 괜찮다. 잠을 재우는 동안 아이 곁에 누워 있기를 바란다면, 그리고 방 크기가 넓은 편이라면, 좀 넓은 침대를 장만하는 것도 방법이다. 그러면 침대 가장자리에 아슬아슬하게 누워 아이가 잠들기만을 기다리지 않아도 되고 아이와 부모 모두 단잠을 잘 수 있다.

» 상상을 위한 여백 주기

다른 방과는 달리, 아이 방에서는 벽을 따라 가구를 놓는 것도 나쁘지 않은 선택이다. 그렇게 하면 놀이를 위한 바닥 공간이 자연스럽게 만들어지기 때문이다. 이때 역시 인테리어 디자인의 리듬을 생각하면 좋다. 아이의 방은 상상력을 키우는 물리적 공간이다. 계획적으로 비워 둔 공간이 있는가, 아니면 꽉차 있는가? 아이의 연령과 성향에 따라 유연하게 배치하는 게 좋다.

» 아지트 만들기

아이의 방은 가능한 한 아늑해야 한다. 아이가 조용히 놀거나 책을 읽거나 오롯이 쉴 수 있는 자기만의 은신처, 방 속의 방을 만든다. 다양한 쿠션과 부드러운 소품만 있으면 충분히 가능하다.

» 정리 정돈

장난감, 작은 물건들, 레고 블록을 빠르고 쉽게 정리할 수 있는 멋진 상자를 아이에게 마련해준다. 아이의 손이 닿는 곳에 정리용 상자나 서랍을 넉넉히 준비해두면 스스로 정리 정돈을 할 수 있게 된다. 부모는 도와주기만 하면 된다.

초보 부모가 알아두면 좋은 것

- 자녀가 있다는 이유만으로 멋진 물건들을 모두 치우거나 비우지 말자. 안전한 장소, 아이의 손이 닿지 않는 곳에 두면 된다. 나는 첫째 아이가 세 살이 될 때까지, 아이가 잠들고 나면 언제든 다시 꺼낼 수 있도록 촛대 몇 개, 작은 도자기 화병, 주석으로 된 성냥 케이스와 같은 소품들을 쟁반 위에 올려 정물을 꾸민 후, 수납장에 넣거나 위에 올려 두었다.

- 아이 방뿐만 아니라 곳곳에 수납공간을 만든다. 수납이 해결되면 생활이 정리된다. 아이가 다니는 모든 방에 장난감을 담을 바구니를 준비하자. 바구니가 꼭 아이 취향일 필요는 없다. 꼭 바구니 모양일 필요도 없다. 주방에서 바구니는 아이 눈높이의 서랍일 수도 있고, 거실에서는 수납이 되는 풋스툴일 수도 있다.

- 커버가 있어서 세탁기로 세탁할 수 있는 가구를 장만한다. 특히 가족이 많은 시간을 보내는 소파에 커버가 따로 있으면 아이가 있어도 관리가 한결 수월하다. 만약 외피가 있는 가구를 구입하는 것이 불가능하다면 소파와 색이 같거나 비슷한 천을 활용하자.

- 바닥의 얼룩을 숨길 수 있는 깔개를 준비한다.

- 먼지 제거 롤러는 필수. 테이블보, 깔개, 쿠션 등에 붙은 비즈 알갱이나 반짝거리는 종이 조각, 각종 놀이용 재료를 제거하는 데 효율적이다.

- 투명 매트를 깐다. 끈적거리는 국물이나 양념, 찌꺼기로부터 러그를 보호할 수 있다. 그때그때 매트만 닦거나 씻으면 그만이다.

- 물티슈는 페인트칠한 벽이나 가구에 묻은 잉크 얼룩을 제거하는 데 요긴하다. 창문 클리너와 주방 세제를 활용하면 더 말끔해진다.

- 진공청소기 흡입구에 얇은 스타킹 한 짝을 끼워 소파 쿠션 사이 같은 좁은 틈 속으로 미끄러져 들어간 레고 조각들을 꺼내자.

구매를 위한 조언

어떻게 하면 순간의 잘못된 선택으로 인한 후회를 피할 수 있을까? 어떻게 하면 두고두고 만족할 수 있는 제품들로 집 안을 채울 수 있을까? 나 역시 지난 몇 년 동안 상당한 실수를 저질렀지만, 그 과정에서 합리적인 선택과 소비를 배웠다. 여기서는 내가 경험으로 깨달은 소소한 전략과 전문가들이 권하는 지침을 공유할 것이다. 어떤 아이템이 일생 동안 변화하는 취향을 맞출 수 있을지는 개인마다 다르겠지만, 몇 가지 포인트를 염두에 두면 누구나 만족감 높은 선택을 할 수 있게 될 것이다.

적합함과 편안함

패션을 떠올려보자. 옷과 스타일을 이야기하면서 체형을 빼놓을 수는 없다. 아무리 예쁘다고 하더라도, 아무리 유행이라 하더라도, 너무 큰 신발이나 가슴을 꽉 조이는 브래지어가 편할 수는 없다. 하지만 인테리어 디자인을 할 때만큼은 사람들은 이러한 상식의 선을 곧잘 넘곤 한다. 실용성을 무시하는 선택에 의외로 과감하다. 그러나 그렇게 구매한 제품들의 정체는 곧 드러난다. 트렌드에 부합하는 멋지고 세련되고 값까지 저렴한 가구나 소품이, '나의 집'이라는 공간 안에서는 너무 크거나 너무 작거나 너무 튀어서 사용하기에 적합하지 않다는 사실을 깨닫기까지는 그리 오랜 시간이 걸리지 않는다.

만약 우리가 집의 체형, 즉 공간의 규모나 형태, 용도에 대한 물품의 적합성과 편안함을 고려해 제품을 선택한다면, 형편없는 구매는 피할 수 있을 것이다. 다음과 같은 질문을 해보도록 하자. 지금 이 공간에 필요한 것은 무엇일까? 이 공간의 크기에 가장 적합한 사이즈는 얼마일까? 만약 지금 이 제품을 들여놓으면 어떻게 사용하게 될까? 어떤 종류의 재료가 가장 기능적일까?

클래식이라는 관점

지금의 우리가 고전 혹은 클래식이라고 부르는 가구와 오브제들도 한때는 모두 획기적이고 새로운 작품들이었다. 그러나 다른 덧없는 유행들과는 달리, 이러한 아이템들은 세월의 평가에서 살아남았고 시대를 초월해 그 의미와 쓰임을 유지했다. 내가 아는 한 클래식은 모두 '독창성'이라는 공통점을 가지고 있다. 즉 고전적인 그 무엇에는 그만의 고유한 '질'과 '디자인'이 깃들어 있는 것이다.

클래식의 관점에서 오늘날의 인테리어 디자인 세계를 탐험하기 바란다. 미래의 고전이 될 만한 가구와 소품을 찾아보길 바란다. 만약 그럴 여유와 여력이 없다면, 역시 시간의 검증을 받은 스타일의 제품을 선택하도록 하자.

품질과 디자인

　　　　오늘날 합판과 칩보드를 사용해 대량 생산된 가구가 미래의 클래식 가구로 남을 가능성은 매우 희박하다. 이유는 간단하다. 첫째, 표면을 사포로 손질할 수 없기 때문에 균열과 손상을 수선하기 어렵다. 둘째, 대량 생산되는 가구는 한시적으로만 생산되고 판매된다. 이는 가구의 수명을 연장하는 데 필요한 부품을 구입하기가 곧 힘들어진다는 것을 의미한다.

쏟아져 나오는 새로운 제품들 속에서 미래에도 여전한 가치를 지닐 것 같은, 내 곁에 오래도록 두고 사용하는 게 가능할 것 같은 가구를 골라내는 일이란 결코 쉽지 않다. 시간의 시험에서 살아남을 좋은 가구를 찾아내는 방법은 무엇일까? 다음은 새 가구와 중고 가구 모두에 적용되는 가이드다.

선택 자재	대체 대상	선택 이유
원목	합판, MDF, 파티클보드	쉬운 수리 시간이 갈수록 고색창연함
유럽 목재 FSC(국제삼림관리협의회) 인증 목재	열대재	북유럽 기후에 자연스럽게 적응됨 지속가능하고 책임감 있는 임업. 추적 가능
CITES(멸종 위기에 처한 야생동식물종의 국제거래에 관한 협약) 인증 목재	미인증 및 멸종위기종(예: 브라질 로즈우드, 자단)	인증서가 없는 판매는 불법일 수 있음
기름, 비누, 왁스 마감	래커 마감	내수성이 있으면서도 나무가 숨을 쉴 수 있음. 흠집은 채우거나 연마, 수리할 수 있음
천연 또는 친환경 페인트	일반 페인트	더욱 환경 친화적 화학물질 감소 더 좋은 광택
베지터블 태닝 가죽(친환경 물질을 사용한 가죽 가공법)	크롬 가죽(화학약품인 크롬을 이용한 가죽 가공법)	폐기물 배출 및 위험 화학 물질 감소
탈착과 세탁 가능 덮개	고정 덮개	유지와 관리가 더 쉬움 = 더 긴 수명
친환경 직물 (예: 면, 모)	합성 원료와 플라스틱 원료	지속가능함 생산 과정에서 화학 물질 감소 환경 오염 위험이 있는 미세플라스틱 미함유
텐셀(Tencel) 또는 재생 폴리에스터	새로운 합성 원료	이산화탄소 배출 감소

CPU(cost per use), 사용 기간 당 비용

저렴한 가구나 인테리어 소품을 구입하는 것이 당장은 경제적인 이익처럼 느껴지지만, 장기적으로는 오히려 더 비싼 비용을 치르는 것일 수도 있다. 나는 제품을 구매할 때 즉각적인 비용이나 가격뿐 아니라, 제품의 기대 수명을 함께 따져본다. 제품을 지속적으로 사용할 수 있겠다 싶은 예상 기간(년)으로 제품 가격을 나눠보는 것이다. 그러면 상대적으로 가격이 낮은 대량 생산 제품을 사는 것이 더 유리한 경우는 거의 없다. 대량 생산 제품의 경우 대개 유행을 타기 십상이고, 제품 고유의 가치 역시 떨어진다. 추가적인 비용이 발생할 수도 있다.

거주하는 지역의 기후에 맞는 원목가구를 선택하는 것이 현명하다. 천연 목재 가구의 경우, 나무의 자연 서식지와 실내 환경이 크게 차이가 나면 가구가 뒤틀리거나 심하면 갈라질 수도 있다.

삶과 함께 움직이는 디자인

대부분의 사람들은 평생 한곳에서만 살지 않는다. 취직, 결혼, 은퇴 등 여러 이유로 이사를 하고 그러한 변화에 따라 라이프스타일도 달라진다.

정확하게 내가 어떤 가구나 소품을 구매하고 싶은 것인지 깊이 생각해보자. 인테리어 디자인은 '나는 지금 어떤 모습으로 살고 있는가', '나는 어떤 삶을 살기를 원하는가'를 반영한다는 것을 잊지 말자. 이 질문에 답하지 못 하는 선택은 모두 임시방편일 뿐이다. 결정을 내릴 수 있는 것은 오직 나 자신뿐이다. '어떤 집이 예뻐서', '누구의 말이 맞는 것 같아서', '이런 게 유행이니까' 등의 이유가 내게 맞는 선택임을 보장할 수는 없다. 오직 여러분이야말로 최선의 선택을 할 수 있는 사람이라는 뜻이다. 구매 대상뿐 아니라 구매 시기 역시 마찬가지다. 내게 지금 필요한 것이 무엇인지 역시 스스로가 가장 잘 알고 있다.

직감은 후회 없는 선택에 중요한 부분이지만, 일반적인 원칙은 이사할 때에도 가져 갈 수 있는 물건들, 즉 집의 크기나 배치에 구애되지 않은 물품에 돈을 쓰는 것으로 시작하라는 것이다. 미술 작품, 조명, 도자기, 식기와 수저, 의자… 지금 집 안을 둘러보자. 만약 여러분이 인생의 마지막 집을 짓는다면, 그곳에 가져 갈 것들이 얼마나 되는가.

메모와 검색

중고시장을 둘러볼 수도 있겠지만, 온라인 경매나 쇼핑사이트도 노움이 된다. 검색은 즐거운 일이지만, 검색어 입력 상자에 어떤 단어를 쳐야 할지 때론 막연하다. 내가 잘 둘러보고 있는 것인지, 놓치고 있는 스타일은 없는지 불안할 때도 있다. 이런 이유로 나는 평소에 필요하다고 생각하거나 새로 알게 된 제품들과 스타일, 혹은 브랜드를 메모한다.

스웨덴의 유명한 인테리어 블로거 엘사 빌그렌(Elsa Billgren)에게 배운 요령은 검색을 시작할 때 특정한 키워드를 꼭 머릿속에 담아두는 것이다. 그것은 좋아하는 숍이나 인플루언서의 이름 혹은 어느 한 시대나 스타일일 수 있다. 만약 평소에 좋아하는 것에서 크게 벗어나지 않는 것을 찾고 있다면, 아마 그 키워드들이 보물창고를 여는 열쇠가 되어줄 것이다. 이 역시 연습하면 할수록 결과는 더 좋아지기 마련이다.

빈티지 투자법

오래된 가구, 디자인 오브젝트 또는 예술 작품에 투자하고자 할 때 알아야 할 기초적인 사항이다. 몇 가지만 주의하면 여러분이 구매한 빈티지 제품의 가치를 높일 수 있다.

» 출처(Provenance)

특정인이나 특정 상황과 연결되어 있는 제품은 그 가치가 올라갈 확률이 높다. 일부 경매회사들은 유명인 소유의 대저택을 철거하거나 수리할 때 경매를 벌이기도 한다. 또한 이미 고인이 된 유명인들의 유품을 팔 때도 있다. 만약 훗날 되팔 목적으로 물품을 구매한다면 제품을 다시 판매하는 날까지 반드시 제품 증명서를 보관하자.

» 세월의 흔적(Patina)

가구나 디자인 오브젝트가 시간이 지남에 따라 마모되는 것도, 그것이 외부적 충격과 같은 사고에 의한 것이 아니라면, 그 가치를 높인다. 오래 쓴 목재나 가죽 등의 표면에 생기는 고색과 그윽한 멋은 가치를 더한다.

» 프로토타입(Prototypes)

수제 가구 제작자, 예술가, 도예가들은 제품을 생산하기 전에 일종의 시제품을 미리 만든다. 아이디어를 눈앞에 구현하는 일종의 샘플인 셈이다. 운이 좋으면 유명한 가구나 공예품의 생산 전 모델이나, 아예 생산으로까지 이어지지 않은 독특한 프로토타입을 손에 넣을 수도 있다. 구하기 어려운 만큼 미래의 가치도 당연히 높다.

» 스페셜 에디션

예를 들어 국가의 기념일이나 특별한 행사와 관련하여 다른 브랜드와의 협업에 의해 제작된 한정판을 흔히 스페셜 에디션이라고 부른다. 수집가들로부터 늘 큰 호응을 받는다.

» 에디션 넘버

석판 인쇄물이나 판화를 구입할 때는 작품 한구석에 있는 숫자를 살펴보는 것이 중요하다. 작품의 총 개수를 뜻하는 숫자를 통해 앞으로의 가치를 어느 정도 예상할 수 있다. 숫자가 낮을수록 적게 인쇄되었다는 뜻이다.

"값싼 단맛이 사라지고 나면
불쾌한 쓴맛이 오래도록 남는다."

_ 벤저민 프랭클린(Benjamin Franklin, 미국의 정치가이자 외교관, 과학자, 저술가)

구매 우선순위

수년 동안, 나는 내 집에 들일 물건을 살 때 고려해야 할 사항을 하나씩 정리했다. 다음은 그 머릿속 우선순위를 시각적으로 표현한 그림이다.

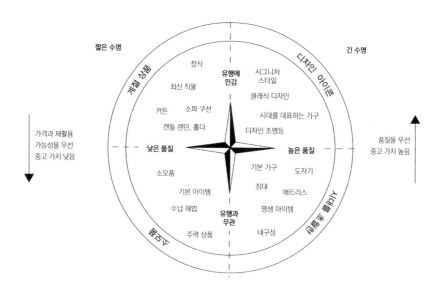

유행에 민감 + 낮은 품질 = 짧은 수명

    '올 봄' 혹은 '올 겨울'의 컬러나 원단이라고 광고되는 대부분의 제품은 값싼 소재를 사용하여 대량 생산되는 경우가 많은데, 이는 다시 말해 품질이 낮고 독창성이 부족하며 수명이 짧다는 것을 의미한다. 나는 되도록이면 이런 특징의 제품을 사지 않으려고 노력하지만, 그래도 뭔가 유행하는 제품을 집에 들여놓고 싶을 땐, 가급적 재활용이 가능한 소재로 만든, 소소한 소품 가운데서 하나를 선택한다.

유행에 민감 + 높은 품질 = 수명이 길 가능성이 높음

유행을 선도하면서 품질까지 좋은 가구와 소품은 수명이 길다. 이런 제품은 시대의 아이콘이 될 가능성이 높으며, 중고로 팔게 될 경우에도 꽤나 좋은 가격을 받을 수 있다. 나는 무엇보다 소재 자체의 수명이 긴 제품을 선호한다. 예를 들어 황동이나 구리 같은 금속으로 만들어진 제품이라면 늘 우선순위에 둔다. 사람의 입김을 불어넣어 형태를 만들어내는 핸드 블로운 글라스(hand blown glass)도 선호하는 편이다.

유행과 무관 + 낮은 품질 = 짧은 수명

이 범주의 제품을 구매하는 경우는 정기적으로 소모되는 제품이 떨어졌을 때뿐이다. 예를 들어 수납상자나 보관용기, 도어매트, 양초 따위다. 이럴 때에도 되도록 환경 친화적인 제품을 구매하려 애쓰고 언제든 중고로 팔 수 있는 제품을 사기 위해 노력한다.

유행과 무관 + 높은 품질 = 수명이 길 가능성이 더 큰 범주

이 범주의 물품을 구매할 때는 각별히 신중을 기한다. 침대와 매트리스, 도자기 식기류, 커트러리 등은 집에서 다소 숨겨진 역할을 하는 제품이지만 일상에서 늘 함께하는 것이니 만큼, 질리지 않고 오래 사용할 수 있도록 품질 좋은 것으로 구매하는 것이 장기적으로 훨씬 더 이득이기 때문이다. 따라서 이런 제품들을 고를 때는, 유행보다 품질에 기초해 선택하도록 하자. 완성도 높은 제품은 중고로 되팔 때도 언제나 그 가치를 인정받는다.

치수와
비율

넘치는 의욕과 열정을 모아 셀프 인테리어 디자인에 착수한다는 것 자체는 참으로 멋진 일이지만, 예기치 않은 불편한 결과물을 맞닥뜨리지 않기 위해서는 공간의 수치와 인체 공학 같은 실용적인 고려 사항을 놓쳐서는 안 된다. 일반적인 권장 사항 몇 가지와 알아 두면 좋은 주요 치수를 정리했다.

집을 위한 인체 공학

주택 인체 공학 연구 분야에서 스웨덴은 선구적인 나라 중 하나이다. 이미 1940년대 초에 주택연구소가 설립되었는데, 이 연구소는 국가의 재정 지원에 힘입어 '주거 생활의 표준'을 마련하고 교육을 실시하는 광범위한 활동을 펼쳤다. 특히 가사노동, 그중에서도 주방에서의 노동을 집중적으로 연구하면서, 가사 노동 조건을 개선하기 위한 건축 기준 및 표준을 만들었다. 주택연구소는 1957년에 국립 소비자문제연구소라는 이름으로 재편성되었다. 현재 스웨덴 소비자청의 전신이라 할 수 있다.

1940년대 이후 중대한 변화가 일어났다. 당시 대다수의 스웨덴 여성들은 전업주부였는데, 다른 문제를 떠나 인체 공학적 관점에서만 보더라도 그들의 노동환경은 열악했다. 변화의 핵심은 집을 '일터'로 인식하는 것에서부터 시작되었다. 그리고 좀 더 좋은 환경에서 일할 수 있도록 돕기 위한 다양한 연구가 이어졌고 이렇게 해서 만들어진 건축 규범은 오늘날 더 안전하고 편리한 주택 설계와 실내 환경 개선에 결정적으로 기여했다.

이제부터 소개하는 몇몇 치수는 건축 기준이고, 또 몇몇 치수는 일반적인 지침이다. 그리고 일부는 그저 알아두면 좋은 조언이다. 지금 당장 자를 들고 뛰어다녀야 하는 것은 아니다. 어떤 절대적인 기준에 스트레스 받을 일은 아니라는 뜻이다. '좋다'고 여겨지는 것은 패션처럼 다양할 수 있다. 다만 몸에 맞는 공간을 만들고, 활동을 편리하게 하고, 이동을 여유롭게 했을 때, 생활이 더 즐거워지는 건 명백한 사실이다. 또한 어딘가를 꾸미고 무엇인가를 옮기고 조정하고 새로 들일 때도 요긴하다.

종이 집 놀이

요즘엔 이사나 수리, 신축 전에 공간 구성과 가구 배치 등을 돕는 디지털 솔루션이 다양하게 쓰인다. 인테리어 디자인을 스케치하고 대안을 시험하는 프로그램들도 쉽게 찾을 수 있다. 하지만 전문가들을 비롯해 많은 사람들이 애용하는 도구는 여전히 펜과 종이! 100분의 1 비율로 설계도 사본을 출력할 수 있으면 가장 좋다. 건설사와 부동산 중개업자 대부분이 주택 설명 자료에 사용하는 치수이다. 준비가 됐다면 가구와 소품을 역시 같은 비율로 오려내자. 그렇게 하면 어느 공간이 좁은지, 어디가 여유가 있는지, 여러분의 집에 가장 최적인 가구들의 치수는 얼마인지 쉽게 알아낼 수 있다. 그리고 무엇보다 다양하게 배치해보는 것이 가능하다. 다른 가족 구성원이 있다면, 함께 이야기하며 여러 아이디어를 시험해보기에도 좋다.

1:100 축척에서는 종이 위의 1센티미터가 실제 공간에서 1미터다.
모눈 공책(노트패드)에서 모눈의 간격은 일반적으로 0.5센티미터다.

물론 표준화된 권장 사항에 대해 다른 의견이 있을 수 있다. 어떤 사람들은 "아니야, 아니야, 이게 맞아"라며 자신의 경험이나 관례를 이야기할 수도 있고, 또 어떤 사람들은 집처럼 사적인 공간에 일반적인 치수에 대한 기준을 적용한다는 것 자체를 우스꽝스럽다고 여기기도 할 것이다. 하지만 나는, 일터에서 인체 공학의 중요성이 인정되는 것과 마찬가지로 집에서도 적용되어야 한다고 생각한다. 그리고 예상컨대 우리는 앞으로 점점 더 많은 시간을 집에서 보내게 될 것이다.

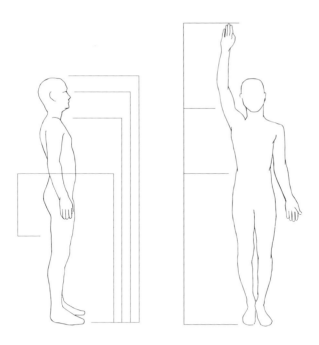

인체 측정학(Anthropometry)

　　　　　　인체 측정학이란 인체 각 부분의 형태나 기능을 계측하여, 인체의 여러 가지 특성을 수량적으로 밝히는 학문인데, 산업 디자인은 물론 다양한 분야에서 그 역할이 점점 더 중요해지고 있다. 특히 가구 제조업체나 인테리어 디자이너는 기능적이고 편리한 제품과 환경을 만들어내기 위해 인체 측정에 대한 자료를 늘 참고한다.

예를 들어 인체 측정학에서는 다리 길이와 상지폭(양 손바닥을 편 상태에서 두 팔을 수평으로 벌렸을 때 양손 가운뎃손가락의 끝과 끝 사이 거리)을 측정하여, 특정 상황에서 얼마만큼의 공간이나 거리가 필요한지 추정한다. 옷의 경우, 다양한 체형에 대한 측정을 바탕으로 한 표준화된 사이즈가 있는 걸 누구나 당연하게 생각한다. 집도 다르지 않다. 키가 작든 크든 누구에게나 불편함이 없는 집, 기능적인 집, 더 쾌적하게 쉴 수 있는 집을 만들고 싶다면 인체 측정학에 신경을 써야 한다.

옷장을 새로 사거나, 찬장이나 서랍장을 들일 때는, 문을 활짝 열면 어디까지 공간을 차지하는지, 서랍을 빼면 밖으로 얼마나 나오는지 등을 미리 예측해야 되는 것은 기본이다. 가구를 구매할 때는 그것의 확장 치수까지 꼼꼼하게 계산해야 한다. 확장 치수를 염두에 두지 않아서 가구를 재배치하거나 열 때마다 짜증을 내는 경우를 숱하게 봐왔다. 가구 앞에 어느 정도의 여유 공간을 둬야 통행이 불편하지 않은지, 다른 소품들과는 조화롭게 배치되는지도 미리 따져보자.

현관

언젠가 "현관은 집과 세상을 이어주는 통로"라는 문장을 읽은 적이 있다. 그 문장을 염두에 둔다면 이 공간이 어때야 하는지, 인테리어 디자인을 하면서 무엇을 주의해야 하는지 잘 알 수 있을 것이다. 또한 현관은 집 안으로 들어갈 때 처음 마주하는 공간이며, 예외 없이 모두가 통과해야 하는 장소다. 그렇다면 이 공간이 제 기능을 다하기 위해선 어떤 모습이어야 할까? 벽에 설치한 선반이나 옷걸이의 높이는 적당한가? 우비나 우산이나 겉옷을 보관할 공간은 적정한가? 신발을 놓아둘 자리는 어느 정도나 필요할까? 이에 대한 몇 가지 조언들을 정리해보았다.

- 벽 부착용 옷걸이는 바닥에서 180센티미터 정도 높이에 설치한다.
- 옷걸이 아래쪽 바닥에 신발장을 설치할 때는 가장 긴 겉옷 길이를 염두에 두도록 하자. 긴 코트의 경우 약 140센티미터 정도의 공간이 필요하다.
- 옷걸이의 너비는 대개 40~45센티미터이고, 겉옷이 걸려 있을 때는 공간을 약간 더 차지한다. 또한 옷걸이를 들어 옷을 꺼내 입을 때 옷걸이가 움직이는 공간도 확보해야 한다. 이때 옷걸이가 뒤쪽 벽을 긁지 않도록 약간의 여분을 둔다.
- 안감이 덧대진 겉옷 한 벌을 옷걸이에 걸어 걸 경우 옷걸이봉 기준으로 약 10센티미터를 차지한다.
- 모자, 자전거 헬멧 등은 약 30~35센티미터의 너비를 차지한다.
- 남성 신발 한 켤레가 여유 있게 들어가는 신발장 선반의 깊이가 32센티미터 정도다.

- 길지 않은 옷을 걸기에 좋은 높이는 95~100센티미터다.
- 옷장은 보통 깊이 60센티미터가 표준이다. 이 수치는 우연이 아니라 겉옷을 여유롭게 걸 수 있는 여유 공간의 수치다. 겉옷을 옷걸이에 걸었을 때 너비는 55센티미터로 계산된다. 미닫이 옷장의 경우 깊이의 총합은 대개 68센티미터 정도다.
- 현관을 인테리어 디자인할 때는 겉옷을 입고 벗을 때 자연스럽게 움직일 수 있도록 가구를 너무 비좁게 배치하지 않도록 하자. 성인이 코트를 입을 때는 직경 약 90센티미터의 공간이 필요하다.

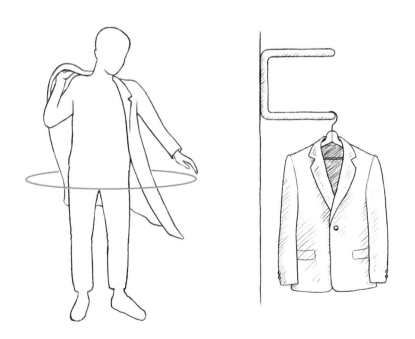

욕실

욕실 인테리어 디자인을 하거나 물품을 구매할 때 몇몇 표준 치수를 알아두면 혼자서도 멋진 욕실을 만들 수 있다. 샤워 커튼봉은 얼마나 높이 달아야 할까? 인테리어 디자이너는 수건걸이를 어느 정도 높이에 설치할까? 하나씩 알아보도록 하자.

- 권장되는 샤워 공간의 최소 사이즈는 가로 80센티미터, 세로 80센티미터다.
- 샤워 커튼봉은 대개 바닥에서 200~220센티미터 높이에 장착된다. 절대적인 것은 아니다. 천장 높이, 커튼 길이도 중요한 기준이다. 성인이 머리나 몸을 수그릴 필요 없이 샤워 공간에 들어갈 수 있을 정도면 충분하다.
- 샤워 커튼의 표준 치수는 180×180센티미터이고 가장 큰 사이즈가 180×200센티미터다.
- 샤워 커튼은 바닥에 끌리면 쉽게 더러워지고, 너무 높게 달면 물이 튀는 것을 제대로 막아주지 못 한다. 커튼봉과 샤워 커튼의 설치 높이를 측정할 때, 커튼 연결 고리의 길이까지 계산하는 것을 잊지 말자.
- 화장실 휴지 걸이는 바닥에서 65~70센티미터 높이가 적당하다.
- 세안용 수건걸이는 바닥에서 100~120센티미터 높이에 설치하는 반면, 목욕타월 수건걸이는 수건을 걸었을 때 바닥에 끌리지 않도록 그보다 약간 더 높은, 바닥에서 150~160센티미터 높이에 설치한다.
- 빨래 바구니는 높이가 60~70센티미터 정도면 된다.
- 모든 문을 활짝 열 수 있도록 세면대, 수납장 앞에 여유 공간을 두자.
- 욕실에서는 적어도 70센티미터의 통행 공간이 보장돼야 한다.

주방

주방은 인체 공학 분야에서 많은 연구가 이루어진 분야임에도 불구하고 관련 표준 사항을 적용하지 않는 경우 또한 허다하다. 보기는 좋지만 쓰기에 불편한 주방들이 아직 많은 것이다. SNS와 인테리어 매거진에서도 비실용적인 주방들이 스포트라이트를 받는다. 심지어 한쪽 끝에 스토브레인지나 가스레인지가 있고, 다른 쪽 끝에 개수대가 있어서 국수 삶은 물을 따라버리려면 뜨거운 냄비를 들고 꽤나 위험한 이동을 해야 하는 경우도 있다.

주방 설계의 표준 중 가장 중요한 것은 화구와 냉장고, 개수대가 오직 하나의 '스텝' 안에 배치되어야 한다는 것이다. 이것이 소위 '작업의 삼각형 이론'이다. 주방에서 일할 때 사람들은 대개 이 세 지점 사이에서 움직인다. 이 셋은 멀리 배치되어서는 안 된다. 주방만으로도 책 한 권은 쓸 수 있지만, 대략적인 스케치를 시작하기 전에 알아두면 좋은 몇 가지 표준을 소개하겠다. 다만 주방이나 욕실의 설계와 시공, 특히 벽이나, 벽에 부착하는 고정 시설은 반드시 전문가에게 자문을 구해 설치하도록 하자.

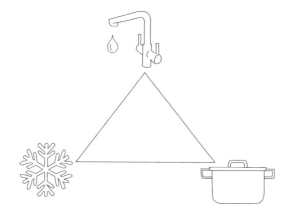

작업 공간

- 개수대와 가스레인지나 인덕션 같은 화구 사이의 조리대 폭은 80~120센 티미터가 적당하다. 조리대 폭은 주방의 핵심 치수다. 이 정도의 공간이 확보되지 않으면 조리할 때 옹색하고, 너무 넓어도 실용성이 떨어져 불편 하다.
- 조리대의 표준 깊이는 60센티미터. 공간의 여유가 충분하다면 이 치수를 70센티미터로 늘려 양념통 같은 것들을 올려놓을 수도 있다.
- 조리대의 표준 높이는 바닥 위 85~90센티미터.
- 조리대에서 상부장 사이의 높이는 50~60센티미터. 그렇지 않으면 조리 대에서 음식을 준비할 때 머리가 부딪칠 위험이 있다.
- 냉장고와 빌트인 오븐 사이엔 열 전도를 막는 차단 공간을 두는 게 좋다.
- 냉장고나 오븐 옆에는 음식물을 올려 둘 수 있는 작업대가 있으면 편리하다.

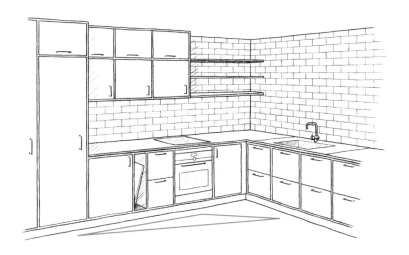

- 팔이 움직이는 공간까지 생각해야 한다. 예를 들어 가스레인지를 한쪽 벽에 붙이거나 키 큰 장에 맞닿게 놓지 않는다. 요리를 편하게 할 수 있으려면 가스레인지 양쪽에 적어도 20센티미터의 여유 공간이 필요하다.

통로와 빈 공간

- 오븐과 식기 세척기 앞에는 사람이 서서 문을 열 수 있는 최소한의 공간인 120센티미터 정도가 필요하다. 식기 세척기는 사람이 빈번히 지나다니는 자리에 놓지 않는다. 식기를 꺼내거나 넣을 때 불편하고 위험하다.
- 식기 세척기와 오븐을 제외한 싱크대 앞의 여유 공간은 110센티미터 정도면 충분하다.
- 조리대가 마주보고 있는 주방에는 120센티미터 정도의 여유 공간이 필요하다. 두 사람이 부딪히지 않고 작업하기 위해서는 140센티미터를 추천한다.

나머지 치수

- 주방 벽면 콘센트 권장 표준은 벽 1.5미터당 적어도 2구 콘센트가 하나씩은 필요하다는 것이다. 매일 사용하는 커피 메이커나 토스터를 꽂는 콘센트는 조리대 높이에 있어야 하는 반면, 이따금 사용하는 주방기기를 꽂는 다른 콘센트는 그보다 높은 지점인 상부장 아래에 있어도 된다. 진공청소기를 꽂을 콘센트와, 전기플레이트나 휴대용 인덕션 같은 식탁 위 가전을 위한 콘센트도 잊지 말자.

식탁과 다이닝룸

식탁은 주방에 있든 또는 별도의 공간에 있든 상관없이, 편안하게 앉고 일어설 수 있어야 한다. 불편함 없이 함께한 이들과 음식을 나누고 즐기는 데 적합한 표준 사항을 정리하였다.

- 바닥에서 식탁 상판까지의 높이는 72~75센티미터다. 식탁 상판 아래에 붙은 지지대나 장식도 바닥으로부터 63센티미터 정도만 떨어져 있으면 편안하게 앉을 수 있다.
- 휠체어 공간을 확보하려면 식탁 높이는 68~70센티미터 정도가 적당하고 식탁 아래로는 60센티미터 정도 깊이의 방해받지 않는 공간이 필요하다.
- 식탁 의자의 좌석 높이는 41~45센티미터 정도다. 좌석의 높이가 41센티미터일 때 좀 더 편안하지만, 이 경우 식탁의 높이도 7센티미터 정도 더 낮아져야 한다.
- 의자 좌석과 식탁 상판 사이 간격은 약 27~30센티미터 정도면 적당하다. 좌석 높이는 제작 업체마다 다를 수 있으므로, 만일 각각 다른 브랜드, 다른 제품을 산다면 구매 전 치수를 확인해야 한다.
- 식탁의 상판이 너무 두껍거나 상판 아래 하부 구조가 지나치게 돌출되어 있다면, 앉을 때 허벅지가 긁힐 수도 있고, 다리를 넣고 빼는 데 불편할 수도 있다.
- 4~5인용 원형 식탁의 지름은 적어도 110센티미터, 6인용 식탁의 지름은 적어도 120센티미터여야 하며, 8인용 식탁으로는 지름 150센티미터 이상이 적당하다.

- 몇 명이 쓰기에 충분한 식탁인가? 식기와 수저, 물컵 등을 놓을 자리를 확보하기 위해서는 1인당 60×35센티미터로 계산한다. 이 수치는 의자의 너비가 아니라, 팔이 움직이는 범위로 결정된다. 직사각형 식탁의 너비는 최소 80센티미터가 되어야 한다.

> 패브릭 소재의 식탁 의자를 선택한다면 사람이 앉았을 때를 예상하여 좌석이 눌린 상태의 높이를 측정해야 한다. 이렇게 하지 않으면 원했던 것보다 좌석 높이가 낮은 의자를 구매하게 될 수 있다.

- 식탁에 얼마나 많은 사람들이 앉을 수 있을지 측정할 때, 식탁 다리의 위치도 체크하자. 만일 식탁 다리의 위치가 일반적이지 않거나 아주 크다면 식탁 상판 치수만으로 가능 인원을 계산할 수는 없다.

- 의자를 빼내 문제없이 앉을 수 있으려면, 식탁 세트와 벽 또는 다른 가구 사이의 거리가 적어도 70센티미터 정도 되도록 한다. 만일 식탁 세트가 서랍장 옆에 있고, 그 서랍장이 식사 중에 열 수도 있는 서랍장이라면 반드시 서랍이 열려 있을 때를 기준으로 거리를 측정하자.

구매 전에 모든 것을 꼼꼼하게 점검하자. 식탁을 선택할 때는 외관은 물론 식탁 상판 밑면까지 살펴야 한다. 사포질이 안 된 판자, 튀어나온 나사 또는 가시가 돋은 표면에 옷이 걸리는 것만큼 짜증나는 일은 없다.

거실

거실에는 소파나 안락의자, 테이블뿐만 아니라 식탁과 의자가 나와 있는 경우도 드물지 않다. 거실의 인테리어 디자인이 기능적이기 위해서는, 먼저 이동하는 데 있어 장애가 될 만한 것이 없어야 하고, 다음으로 모든 것들이 인체 측정학적 관점에서 적절한 간격으로 배치되어야 한다. 다음은 거실을 계획할 때 염두에 둬야 할 몇 가지 지침이다.

- 소파는 뒷벽의 2/3보다 더 넓지 않아야 한다. 그보다 더 큰 모델을 선택하면 가구가 과도하게 놓여 있다는 느낌이 든다.
- 소파 테이블은 소파 너비의 2/3보다 넓지 않아야 한다. 소파가 너무 길다면, 작은 소파 테이블 두 개를 놓아 테이블 라인이 지나치게 길어지는 것을 피하는 게 좋다. 두 개 혹은 세 개의 테이블을 포개어 수납하는 게 가능한 네스팅 테이블 세트도 센스 있는 선택이다.
- 소파 테이블의 높이는 약 40센티미터 정도지만 소파 좌석의 높이에 따라 10센티미터 정도 더하거나 뺄 수 있다. 앉고 일어서기가 편하려면 소파 좌석 가장자리에서부터 테이블까지 30~40센티미터 정도 떨어져 있으면 된다. 하지만 일어서거나 몸을 뻗을 필요 없이 신문이나 커피 잔을 내려놓을 수 있으려면 테이블을 조금 더 가까운 거리에 놓아도 무방하다.
- 나머지 가구들은 그 사이를 편안하게 지나갈 수 있도록 공간을 두고 배치한다. 가구 사이의 통로는 50~60센티미터가 기본이다.
- 함께 앉아 있을 때 서로 보고 들을 수 있도록 가구를 배치하자. 최대 직경이 250~300센티미터 정도의 원 모양이면 적절하다. 그보다 더 멀리 앉아

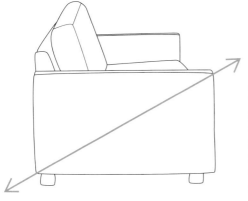

소파나 침대 같은 대형 가구를 주문할 때는, 엘리베이터 내부 치수와 현관문, 계단 통로, 창문 사이즈를 체크하자. 가구 측면 대각선 길이와 비교하면 된다. 주택에 산다면 현관문의 사이즈는 물론 복도와 계단통의 회전 반경까지 점검해야 하며, 이런 경로를 이용할 수 없을 만큼 덩치가 큰 경우엔, 발코니나 큰 창문을 통하는 이동 경로를 마련해두어야 한다.

있다면 말하기가 어려워지고, 서로 너무 가까워도 어색하고 불편하다.

- 발받침이나 푸프(pouffe, 발을 올려놓을 수 있는 커다란 쿠션)는 소파보다 더 높지 않아야 한다.

- 책장 한 칸의 높이는 적어도 30센티미터가 되어야 하며, 더 큰 책, 예를 들어 사진도서와 예술도서에 맞추려면 40센티미터가 되어야 한다. 또한 문고판 도서는 대개 가로 길이가 11센티미터를 넘지 않으므로 깊이가 얕은 칸에 꽂을 수 있다.

- 발코니나 베란다로 가는 통로를 막는 건 금물이다. 출입구 등을 막지 않도록 가구를 배치한다.

- 소파와 안락의자의 치수는 다양하지만 적어도 한 자리당 60센티미터 너비라 생각하면 된다.

- 눈부심 방지 전등갓이 있는 조명등을 설치하고 소파나 안락의자에 앉았을 때 조명등의 위치 때문에 눈이 부시지는 않은지 꼼꼼하게 살핀다.

침실

침실은 부엌만큼 치수에 의해 좌우되는 공간은 아니지만, 조화로우면서도 실용적인 침실을 위한 몇 가지 지침은 있다. 침실은 휴식과 마음의 평온을 위한 공간이다. 따라서 어수선한 느낌이 들지 않도록 하는 것이 제일 중요한데, 그러기 위해서는 우선 침대 사이즈가 침실 크기에 맞아야 한다. 방이 더블 침대나 싱글 침대에 딱 맞게 설계되었다면 큰 문제가 없겠지만, 그렇지 않다면 침대 주변에 더 신경을 쓰도록 하자. 조명등이나 침대 협탁 같은 나머지 가구의 위치와 높이 역시 침실의 느낌과 전체적인 기능에 영향을 줄 수 있다.

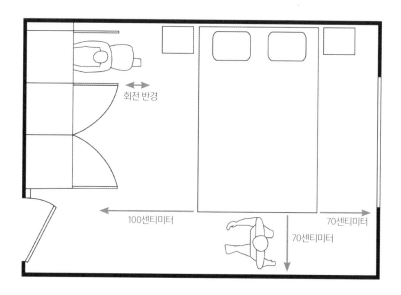

- 싱글 침대의 폭은 80~140센티미터, 더블 침대의 폭은 160~180센티미터 정도다.
- 침대의 길이는 머리끝과 침대의 헤드 보드 사이에 10센티미터, 침대 아래쪽 끝과 발 사이에 10센티미터 정도 여유를 두면 좋다. 보통은 200센티미터가 표준이다.
- 침대 높이는 제조업체와 모델마다 약간씩 다르다. 55~60센티미터가 적당한 높이라고 말하지만, 침대 가장자리에 편안하게 앉을 수 있기를 원한다면 45~50센티미터가 더 알맞다. 박스 스프링 위에 두 개의 매트리스를 얹는 콘티넨털식 침대는 바닥부터의 높이가 75센티미터나 되는 경우도 있는데, 아이를 데리고 잠을 잘 생각이라면 이 점을 고려하자.
- 침대 조명등은 침대에서 책을 읽기 위해서인지, 잠자리에 들기 전 잠시 어둠을 밝히는 보조 조명으로 사용할지에 따라 선택이 달라진다. 침대에 앉거나 누워서 책을 읽는다면 수직과 수평 방향 모두 움직이는 조명등을 사용하자.

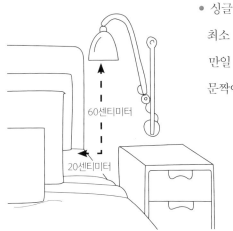

60센티미터

20센티미터

- 싱글 침대는 한쪽 면, 더블 침대는 양쪽 면에 최소 70센티미터의 여유 공간이 있어야 한다. 만일 침대 세로 면이 옷장을 마주하고 있다면, 문짝이 활짝 열려도, 침대 협탁과 부딪히지 않도록 더 많은 공간을 할애해야 한다.
  - 침대 협탁의 높이는, 다리와 매트리스를 포함한 침대의 총 높이에 10센티미터를 더한 수치가 적당하다. 표준 치수는 50~70센티미터다.

- 침대 옆 벽등의 최적 위치는 침대의 매트리스에 의해 결정된다. 인테리어 디자이너 카린 에스피노사 모렐(Karin Espinosa Morel)은 브뤼셀의 한 건축 사무소에서 호텔 객실 300개를 설계한 경험을 바탕으로 침대 옆 벽등의 위치를 잡는 명쾌한 공식을 발견했다. 매트리스의 헤드 보드 방향 모서리에서 20센티미터 바깥 지점을 찾은 후, 다시 그 위로 60센티미터 올라간 지점. 바로 이 지점에 광원이 있도록 조명등을 설치하면 되고, 책을 읽으려는 사람과 옆에 누워 자는 사람 모두에게 눈부심이 없게 하는 건 기본이다.
- 침실의 가구 배치를 위해 침대의 크기를 측정할 때는, 침대 매트리스의 크기에 프레임과 헤드 보드 크기까지 더해야 한다.
- 침대 위의 헤드 보드는 베개가 밀려 떨어지지 않도록 매트리스 위로 20센티미터 이상 올라가야 한다.

작업실과 서재

공부를 하든, 자택근무를 하든, 취미 활동 공간으로 사용하든, 오래 앉아 있을 때 목이나 허리에 문제가 생기지 않도록 인체 공학을 염두에 두고 계획해야 하는 공간이다.

- 책상에는 모니터와 노트, 책, 문구 등과 손과 팔을 놓을 수 있는 공간이 필요하다. 세로 75센티미터, 가로 120~150센티미터 상판이면 충분하다.
- 책상의 높이는 보통 약 75센티미터이며 컴퓨터 작업용 책상의 높이는 이보다 약간 더 낮다.
- 책상 의자의 좌석 공간은 40×50센티미터이고 좌석의 높이는 41~45센티미터가 권장된다. 그리고 가급적 높낮이 조절이 가능한 제품을 선택하는 것이 좋다.
- 보통 책상 의자는 책상 가장자리로부터 약 60~70센티미터 정도의 공간이 필요하다. 바퀴가 달린 회전 의자는 바퀴가 바닥에서 미끄러질 수 있기 때문에 좀 더 넓은 공간이 필요하다.
- 책상 의자의 팔걸이는 높이를 조절할 수 있는 게 좋다. 그래야 앉은 사람이 체형이나 습관에 맞춰 편안하게 사용할 수 있고, 사용하지 않을 땐 책상 안으로 의자를 밀어넣어 둘 수도 있다.
- 책상 아래에는 다리가 움직일 수 있는 공간이 확보돼야 한다.
- 만일 손님을 자주 초대할 생각이라면, 식탁과 같은 사이즈의 책상을 구매해 필요할 때마다 식탁과 연결해서 쓸 수도 있다.

다용도실

다용도실을 편리하게 사용하기 위해서는 물품을 두는 공간 외에 작업자의 움직임을 위한 어느 정도의 공간이 확보되어야 한다. 또한 이동이 잦은 생활용품의 배치에 신경 써야 한다. 세탁물 바구니, 쓰레기통, 세제통, 청소 도구 같은 것들이 세탁기 앞을 가로막으면 세탁기를 사용할 때마다 이리저리 옮기느라 일이 더 힘들어질 수 있기 때문이다. 몇 가지 수치와 지침을 알아보도록 하자.

- 세탁기, 건조기, 수납장 앞에는 작업 공간이 필요하다. 1.5×1.5미터면 충분하다.
- 젖어서 무거운 세탁물을 넣거나 꺼내기 편하도록, 세탁기 문짝의 아랫부분과 다용도실 바닥 사이에 적어도 50센티미터, 될 수 있으면 75센티미터 정도의 높이를 확보한다.
- 누군가 세탁실을 사용하고 있을 때 밖에서 문을 열어도 부딪치지 않도록 문의 회전 반경도 체크해야 한다.

"건축이란
생활을 디자인하는 것이다."

_ 발터 그로피우스(Walter Gropius, 독일 태생의 건축가, 바우하우스 운동의 창시자)

인테리어 디자인 프로젝트 계획하기

원하는 분위기를 한 장의 보드에 담아 표현하는 '무드보드'는 인테리어 디자인에 대한 영감을 자극하고 아이디어를 시각적으로 형상화하는 데 있어 좋은 도구다. 단순히 좋아하는 사진 몇 장을 수집하고 계획을 세우는 것이라 생각할 수도 있지만 무드보드를 시도해 본 대부분의 사람들은 그 과정에서 적어도 한 번쯤은 난관을 마주하게 된다. 지금껏 수집한 그럴듯한 이미지와 아이디어, 그 다양한 자료들에서 일관되고 유용한 계획을 만들어 내는 것이 쉽지 않기 때문이다. 이번 장에서는 인테리어 디자인의 진행 과정이 순조로울 수 있도록 무드보드를 효과적으로 만드는 몇 가지 요령들을 살펴보도록 하겠다.

무드보드란 무엇인가?

전문 스타일리스트와 인테리어 디자이너들은 프로젝트에 착수하기 전에 언제나 무드보드(mood board, 특정 주제를 설명하기 위해 텍스트, 이미지 등을 결합하여 보여주는 보드)를 만든다. 무드보드란 성취하고자 하는 최종 결과를 시각화하는 작업의 한 단계로, 무드보드를 만들면 다양한 아이디어로 콘셉트를 테스트하고, 프로젝트의 느낌과 스타일을 가족 구성원이나 매장 직원, 고객 등 다른 사람들과 효과적으로 공유할 수 있다. 또한 원하는 결과를 시각화함으로써, 진행 과정에서 다른 사람들의 조언과 도움을 받기도 한결 쉬워진다.

무드보드는 디자인과 관련된 아이디어를 프로젝트에 전달함에 있어 최적의 수단이다. 실제로 휴대전화로 무드보드 사진을 찍어서 매장 직원에게 보여 준다면, 즉흥적으로 찾아낸 아이템을 구매하거나, 순간의 느낌으로 계획을 수정하거나 하는 오류를 피할 수 있으며, 콘셉트의 일관성을 유지하고 가다듬기도 쉽다.

거름망 기술

무드보드는 인테리어 디자인 및 건축 프로젝트의 다양한 단계에서 제작될 수 있다. 초기 단계의 무드보드는 아무래도 추상적이다. 구체적인 아이디어와 상세한 수준의 제안보다는 대략적인 느낌이나 분위기를 담을 수밖에 없기 때문이다. 하지만 마무리 단계에 이를수록 무드보드는 구체적으로 변모하며, 결국에는 마치 구매 목록과도 같은 형태를 띠게 될 것이다. 현재 살고 있는 집이나 이사를 할 집의 개별 공간을 인테리어 디자인할 계획이라면, 의외로 집 외부에서 영감을 얻을 수도 있다. 그 집이 지어진 시기,

자재의 특성, 주변 건물들의 색 등은 이 책 3장에서 말한 '빨간 실'의 결정적인 모티브가 되어줄 수도 있기 때문이다. 그리고 빨간 실은 추상적인 콘셉트를 구체적인 아이디어로 발전시키는 데 커다란 도움을 줄 것이다.

인테리어 디자인 과정 중 어떤 단계에 있는지, 또는 어느 정도로 스타일을 확신하는지에 따라 다르겠지만, 여러분이 생각하는 인테리어 디자인에서 가장 중요한 것만을 남기고 나머지는 걸러내야 한다. 확신이 서지 않는다면, 꼭 처음으로 다시 돌아갈 것을 권한다. '지금부터 나는 어떻게 살고 싶은가'에 대한 생각과 비전, 구체적인 생활의 계획을 정리하는 것이 가장 먼저기 때문이다. 이런 과정을 거치지 않고 작성된 구매 목록 따위는 그것이 아무리 멋지더라도 아무짝에 쓸모가 없다.

파이 차트 접근

내 삶이 나의 집에서 어떻게 구현되길 원하는가? 나는 그곳에서 어떻게 지내고 싶은가? 어떤 사람들은 자신의 삶을 유지하는 데 있어 어떤 기능이 중요한지 분명히 알지만, 또 다른 사람들은 그렇지 못 하다.

원형 도표를 그리고, 한 공간에서 할 활동들을 다양한 크기로, 마치 파이 조각처럼 채워 넣자. 하루에 또는 일주일에 몇 시간 동안 그 활동을 하는지 생각해보자. 오랜 시간을 들이게 되는 중요하는 일을 더 큰 파이 조각으로 채워 넣자. 이렇게 하면 공간의 구성과 활용에 관한 대강을 쉽게 파악할 수 있을 것이다. 이것 역시 새로운 인테리어 디자인 프로젝트가 충족해야 하는 요구 사항들을 시각화하는 작업이다.

무드보드 만드는 법

무드보드를 만드는 보편적인 방법이 따로 정해져 있는 것은 아니다. 인테리어 디자이너와 스타일리스트는 모두 저마다 다르게 작업한다. 어떤 사람들은 최종 결과를 머릿속으로 그리는 것이 쉬운 반면, 또 어떤 사람들은 최대한 많은 준비를 해야 일을 시작한다. 여기서는 내가 무드보드를 작성할 때 담는 내용을 소개하도록 하겠다. 여러분에게 필요한 사항들을 취사선택하면 된다.

1. 라이프스타일과 느낌

여러분이 원하는 라이프스타일과 분위기를 최대한 명확하게 표현해보자. 만일 거실을 새롭게 꾸밀 거라면, 아마도 거실을 인테리어 디자인한 후 그곳에서 어떻게 지낼지 그려봤을 것이다. 벽난로 앞에서 보드 게임을 하는 저녁을 상상했는지, 멋진 소파에서 가족들과 함께 편안하게 영화를 보는 장면을 그렸는지, 아니면 친한 친구들과 함께하는 멋진 파티를 생각했는지, 그것도 아니면 정말 오롯이 혼자만의 아늑한 시간을 꿈꿨는지…. 그리고 나서 여러분의 생각에 맞는 이미지들을 탐색하도록 하자. 이미지가 구체적이면 좋겠지만 추상적이어도 상관없다. 새로운 거실에서 지낼 여러분의 모습과 맞는 것이라면 일단 모두 수집하도록 하자.

바람이 명확해지고, 그 공간에서 연출하고자 하는 비전과 느낌이 어느 정도 그려지면, 이제 구상 단계로 접어들 때가 된 것이다. 영감을 주는 이미지를 본격적으로 찾도록 하자. 감각을 활짝 열고 멋진 공간, 영리한 해결책, 놀라운 색감 등 심장을 두근거리게 하는 모든 것을 저장하자. 잡지, 카탈로그, 인터넷 서핑도 좋다. 다만 인터넷은 영감을 얻는 무적의 원천이나, 바로 그 점 때문에 혼란에 빠지기도 하므로, 요구 사항과 비전을 확실하게 정하고 시작해야 한다. 대부분 이 단계에서 길을 잃고 다시 처음으로 되돌아간다.

어쨌든 잠시 길을 잃는 것도 괜찮다. 무엇을 원하는지 알아내기 위해 취향을 실험하고 조사하는 것이므로, 정말로 좋아하는 것의 핵심에 도달하기 전에 길을 잃는 것은 환영할 만한 일이다. 한 두세 바퀴 생각을 돌리고 나면 더 명확해질 것이다. 무엇을 좋아하고 무엇을 싫어하는지가 말이다.

2. 외부

건물의 외부에 인테리어 디자인 프로젝트에 실마리를 제공할 만한 무엇이 있는가? 디자인의 단서가 될 만한 색깔, 소재, 스타일이나 양식 등을 찾아보도록 하자. 여유롭게 동네를 한 바퀴 돌아보는 것도 도움이 될 수 있다.

3. 스타일

수집한 이미지들을 모니터에 펼쳐보도록 하자. 잡지를 오려냈다면 커다란 테이블에 펼쳐도 좋다. 아마도 자신이 어떤 유형의 스타일에 꽂혀 있다는 것을 발견하게 될 것이다. 만약 그렇지 않다면, 지금부터 이게 과연 내가 원하는 게 맞나 싶은 불확실한 이미지부터 걸러내자.

- 솔직해지자. 무엇을 가상 좋아하는가? 혹시 다른 사람에게 좋은 인상을 줄 것이라는 이유로 어떤 아이디어들을 저장하진 않았는가? 알쏭달쏭한 것들은 과감하게 제거하도록 하자.
- 무엇이 실행 가능하며, 무엇이 불가능한가? 애쓰더라도 실제로 성취할 수 없어서 우울하게 만들기만 하는 것은 저장할 이유가 없다.

- 냉철해질 시간. 무엇이 현재 상황에 맞으며, 무엇이 앞으로 몇 년 동안은 비실용적일까? 이 단계에서 고민하고 좌절하는 고객들을 나는 여럿 보았다. 사실 꿈을 현실로 끌어 내리는 일은 몹시 재미 없고 맥 빠지는 일이다. 삶은 다양한 층으로 이루어져 있다. 아마도 여러분이 꿈꾸는 인테리어 디자인은 경제 형편, 육아 단계, 통근 거리, 혹은 그것을 방해하는 수많은 어떤 것들 때문에 지금 당장은 실행되지 못 할 것이다. 그렇다면 실행되지 못 할 인테리어 디자인에 대한 생각들을 부여잡고 고민하는 편보다 현실을 빨리 받아들이고, 그 생각들을 놓아주는 편이 더 현명하다. 현재 생활의 조건에 맞서지 말고 그 조건을 전제로 작업하자.

이미지의 개수를 줄이면, 여러분의 선택이 무엇을 의미하는지를 알아내기가 한결 수월하다. 왜 이런 사진에 꽂혔을까? 이미지 속의 어떤 특징들이 내가 좋아하는 스타일을 만들어내는 걸까? 이미지들에서 자주 반복되는 공통분모를 탐색하여 원하는 스타일을 연출하기 위해 필요한 요소들을 골라내보자.

- 가구와 주요 소품들
- 눈에 띄는 형태나 실루엣
- 액자로 꾸민 벽면, 개성이 드러나는 그림
- 분위기와 스타일을 만들어내는 조명등
- 깔개와 바닥재
- 식물(잎이 무성하거나 그 반대거나)
- 느낌(예: 보헤미안 또는 미니멀리즘)
- 색상 팔레트(따뜻하거나 차가운)

수집한 이미지를 해석하고 그것을 구현하기 위한 구체적 방법을 찾기 어려운가? 이제는 이미지 자료를 살펴보며 '체크 리스트'를 만들어보자. 좋아하는 것들의 목록을 작성하고, 같은 것을 하나씩 발견할 때마다 체크 표시를 하자. 그보다 더 명확해질 수는 없을 것이다.

4. 기존 가구

무드보드 작성 과정에서 흔히 범하는 실수는 기존 가구를 고려하지 않는다는 것이다. 모든 것을 새로 구매하는 일은 드물다. 새로 추가하려는 물건들로만 무드보드를 작성하는 것은 현실적이지 않은 계획이다.

배색 전략도 마찬가지다. 오랫동안 함께한, 절대로 없애고 싶지 않은 가구나 소품을 출발점으로 삼는 편이 현명하다. 그렇게 하면 새 물건과 오래된 물건 모두를 통합하기 쉽다. 또한 이렇게 만든 색상 팔레트는 한 철 유행에 그치지 않는다. 평생을 같이할 수도 있다. 왜냐하면 지나가는 유행에 편승한 것이 아니라, 진정으로 좋아해서 오랫동안 함께한 것들로부터 비롯되었기 때문이다.

5. 색 팔레트

다음 단계는 어떤 색들이 나와 가장 잘 맞는지 숙고하는 것이다. 1장에서도 언급했듯이, 사람마다 안정감을 느끼는 색은 다르다. 편안하게 해주는 색 조합을 찾아낼 때까지 다양한 색의 조합으로 테스트하길 바란다. 목표는 인테리어 디자인이 최종적으로 어떤 색들, 즉 어떤 색 팔레트로 구성될 것인가를 결정하는 것이다.

6. 소재 팔레트

집이 어떤 소재들로 이루어지기 원하는지 나열해보자. 밝은색 나무를 좋아하는가, 아니면 어두운색 나무를 좋아하는가? 따뜻한 느낌의 금속을 선호하는가, 아니면 차가운 느낌의 금속을 선호하는가? 크롬, 은, 주석, 놋쇠, 구리 같은 고색창연한 소재를 좋아하는가, 아니면 도장으로 마감된 표면을 좋아하는가? 바닥재, 자연석, 몰딩 샘플을 주문해 직접 비교해보는 것도 좋은 방법이다. 가구에서 작은 금속 부품에 이르기까지 일관된 결정을 내릴 수 있도록 도울 것이다.

7. 직물 팔레트

집을 아늑하게 만드는 데는 직물이 큰 역할을 한다. 색상과 질감이 다양한 직물은 여러 가지 형태로 변형하는 것도 손쉽다. 벨벳이나 양단 같은 무거운 직물을 좋아하는가, 아니면 가벼운 보일(voile, 면, 양모, 실크로 만든 얇은 직물)과 시원한 리넨 시트를 좋아하는가? 마찬가지로 직물 이미지를 찾거나 실제 샘플을 모아보자.

8. 직감이 원하는 것

자칫 눈에 보이는 것에만 매몰되지 않길 바란다. 모든 감각을 열도록 하자. 만질 때는 어떤 느낌이 들어야 할까? 거실이나 방에서 어떤 향이 나기를 바라는가? 그 이유는 무엇인가? 어떤 소리 환경을 만들고 싶은가? 혹시 떠올리고 싶은 어린 시절의 기억이 있는가? 집은 보이는 것만이 전부가 아니다. 어린 시절 집에서 나던 냄새, 늘상 들리던 소리, 발바닥과 피부에 전해지던 감촉들. 인테리어 디자인은 한 사람의 삶, 그 모든 것을 담아낼 수 있어야 한다.

"잘 만드는 것만으로는
충분하지 않다."

_ 로타 아가톤(Lotta Agaton, 스웨덴 출신 인테리어 디자이너)

Afterword

인테리어 디자인은 재미있고 흥미롭지만 어려운 일이기도 하다. 게다가 인테리어 디자인이 많은 부분 기호와 취향에 달렸다는 점은 문제를 더 복잡하게 만든다. 하지만 나는 인테리어 디자인에도 어느 정도의 규칙이 있다고 믿는다. 인테리어 디자이너나 건축가와 작업했을 때를 돌이켜보면, 비율이나 구성, 전체적인 조화에 대한 공감대가 있다는 것은 명백한 사실이기 때문이다. 다만 그것을 명확하게 말로 표현하지 못 할 뿐.

그래서 나는 인테리어 디자인 분야의 암묵적인 합의와 원칙을 누구나 이해할 수 있는 쉬운 용어로 설명했다. 그리고 그것에 객관적인 수치를 더했다. 여기에는 오랜 경험에서 나온 법칙과, 건축 및 디자인 분야의 최신 이론, 전문가들이 인정하는 합의 모두를 총망라했다.

인체 공학적 지식도 담으려 노력했다. 인테리어 디자인은 멋져 보이는 것도 중요하지만, 편안하고 기능적이어야 하기 때문이다. 그래서 다양한 권장 표준 사항을 수집하고, 그 표준이 의도하는 바가 무엇인지 설명했다. 왜냐하면 그 최적의 수치라는 것 역시 신체 사이즈나 생활 습관에 따라 다를 수 있기 때문이다.

이 책이 제시하는 모든 제안을 따라할 필요는 없다. 다만 여러분이 집에서 조금 더 잘 지낼 수 있도록 도울 수 있기를 바랄 뿐이다. 우리 삶의 단 하나의 경구일 수도 있을 한 마디로 이 긴 여정을 마무리하려 한다.

"집보다 더 좋은 곳은 없다(There's no place like home)."

여러분의 집에 행운이 있기를 빌며,

프리다

참고자료

도서

Albers, Josef. 1963. *Albers färglära — Om färgers inverkan på varandra.*
Forum [1963. *Interaction of Color.* Yale University Press]
Andersson, Lena. 2016. *Färgsättning inomhus.* 2. uppl. Ica Bokförlag
Andersson, Thorbjörn, och Edlund, Richard. 2004. *Kataloghuset — Det
egna hemmet i byggsats.* Byggförlaget i samarbete med Jönköpings läns
museum, Kalmar läns museum och Smålands museum
Björk, Cecilia, Nordling, Lars, och Reppen, Laila. 2009. *Så byggdes villan —
Svensk villaarkitektur från 1890 till 2010.* Formas
Bodin, Anders, Hidemark, Jacob, Stintzing, Martin, och Nyström, Sven. 2018.
Arkitektens handbok. Studentlitteratur
*Boverkets byggregler — Föreskrifter och allmänna råd. Ändringar införda t.o.m
BFS 2017:5.* 2017. Svensk Byggtjänst
Broström, Ingela, Desmeules, Eric, et al. 2007. *Stora boken om inredning —
Från möblering och ljussättning till dekoration och fönsterarrangemang.*
Infotain & Infobooks
Conran, Terence. 1999. *Easy Living — Ett hem där livet är skönt.* Prisma [1999.
Easy Living. Conran Octopus]
Edwards, Betty. 2006. *Om färg Handbok och färglära.* Forum [2004. *Color: A
Course in Mastering the Art of Mixing Colors.* Penguin Putnam]
Fredlund, Jane, och Bäck, Bertil. 2004. *Moderna antikviteter.* Ordalaget
Fridell Anter, Karin, och Svedmyr, Åke. 2001. *Färgen på huset.* Formas
Fridell Anter, Karin, et al. 2014. *Färg & ljus för människan — i rummet.*
Svensk Byggtjänst
Gospic, Katarina, och Sjövall, Isabelle. 2016. *Neurodesign — Inredning för
hälsa, prestation och välmående.* Langenskiöld
Gudmundsson, Göran. 2006. *Invändig renovering.* Gysinge centrum för
byggnadsvård *Handbok No. 9, reservdelar till gamla hus.* 2009. Gysinge
centrum för byggnadsvård
Klarén, U., Fridell Anter, K., Arnkil, H., och Matusiak, B. 2011. *Percifal —
Perceptiv rumslig analys av färg och ljus.* Stockholm: Konstfack
Kondo, Marie. 2017. *Konsten att städa — Förändra ditt liv med ett organiserat
hem.* Pagina [2014. *The Life-Changing Magic of Tidying.* Vermilion]

Miller, Judith. 2010. *1900-talets design — Den kompletta handboken.*
Tukan [2009. *Miller's 20th Century Design: The Definitive Illustrated Sourcebook.* Mitchell Beazley]

Markmann, Erika. 1993. *Att lyckas med krukväxter.* Info Books

Neufert, Ernst & Peter. 2019. *Architects' Data.* 5th edn. Wiley-Blackwell[English edition]

Nylander, Ola. 2011. *Bostadens omätbara värden.* HSB.

——. 2018. *Svensk bostadsarkitektur — Utveckling från 1800-tal till 2000-tal.* Studentlitteratur

Panero, Julius, and Zelnik, Martin. 1992. *Human Dimension & Interior Space.* New edn. Whitney Library of Design [English edition]

Paulsson, Torsten. 1990. *Färgen i måleriet.* Ica Bokförlag

Piippo, Kai, och Ångström, Emma. 2010. *Ljussätt ditt hem.* Ica Bokförlag

Ridderstrand, Stellan, och Wenander, Vicki. 2018. *Byggnadsvård för lägenheter 1880 — 1980.* Gård & Torp och Bonnier Fakta

Rybczynski, Witold. 1988. *Hemmet - Boende och trivsel sett i historiens ljus.* Bonniers[1986. *Home: A Short History of an Idea.* Viking Penguin]

Schmitz-Günther, Thomas. 2000. *Ekologiskt byggande och boende.* Könemann [1999. *Living Spaces: Ecological Building and Design.* Könemann]

Snidare, Uuve. 1998. *Leva med färger.* Bonnier Alba

Wahlöö , Anna. 2017. *Att göra en klassiker — En studie av fenomenet moderna möbelklassiker i en samtida svensk kontext.* Symposion

Wänström Lindh, Ulrika. 2018. *Ljusdesign och rumsgestaltning.* Studentlitteratur

Wei Lu. 2016. *Andrum — Skapa ett harmoniskt och organiserat hem.* Pagina

Wilhide, Elizabeth. 1998. *Belysningsboken — Att planera och leva med kreativ belysning.* Forum [1998. *Lighting: Creative Planning for Successful Lighting Solutions.* Ryland, Peters & Small]

웹사이트

apartment48.com
https://www.apartmenttherapy.com/
bbgruppen.se/kophjalp/montagehojder/byggnadsvard.se
byggfabriken.se
energimyndigheten.se

www.houzz.co.uk
ncscolour.com
omboende.se
sekelskifte.se
sis.se/standarder/
smartbelysning.nu
stadsmuseet.stockholm.se
trivselhus.se (planskiss husmodell Fagersta, B031)
viivilla.se

인터뷰 및 자문

Eva Atle Bjarnestam, 패션 역사학자, 작가
Robin Barnholdt, 고건축 전문가
Hildur Bladh, 색채 전문가
Kelley Carter, 인테리어 저널리스트
Åsa Fjellstad, 조명 전문가
Louise Klarsten, 색채 전문가, ColourHouse AB
Karin Lindberg, 벽지 전문가
Dagny Thurmann-Moe, 색채 전문가

일러두기

인테리어 디자인과 스타일링의 기본

프리다 람스테드 지음
이유진 옮김

초판 1쇄 발행 2021년 4월 5일
초판 8쇄 발행 2024년 3월 29일

발행: 책사람집
디자인: 오하라
제작: 세걸음

ISBN 979-11-973295-0-0 13590
18,000원

책사람집
출판등록: 2018년 2월 7일
(제 2018-000269호)
주소: 서울시 마포구 토정로 53-13 3층
전화: 070-5001-0881
이메일: bookpeoplehouse@naver.com
인스타그램: instagram.com/book.people.house/
블로그: post.naver.com/bookpeoplehouse